色彩的哲学

四季12型
美妆配色与
风格指南

蕊姐 Regina / 著

PHILOSOPHY
OF
COLOR

化学工业出版社
·北京·

内容简介

本书是一部探索色彩与个人风格塑造的专业指南，以科学的视角解读四季12型色彩体系，引导每个人深入了解自己的特质，通过合适的色彩与风格放大自身独一无二的美。

书中结合实用方法与真实案例，运用大量图例和人物模特，力求全面、准确而形象地展现这一色彩体系，同时给出配色色盘、搭配建议等，方便读者查阅使用。

希望通过本书，帮助女性减少外貌焦虑，找到属于自己的内在力量，释放潜藏的魅力。不论你是色彩和造型爱好者，还是专业色彩顾问、化妆师，这本书都将成为你开启自我蜕变之旅的重要伙伴。

图书在版编目（CIP）数据

色彩的哲学：四季12型美妆配色与风格指南 / 蕊姐
Regina 著 . -- 北京：化学工业出版社，2025. 6.
ISBN 978-7-122-47992-1

I. TS974.12

中国国家版本馆 CIP 数据核字第 202586ZK56 号

责任编辑：孙梅戈	文字编辑：蒋 潇
责任校对：宋 玮	装帧设计：杨 霄

出版发行：化学工业出版社（北京市东城区青年湖南街 13 号　邮政编码 100011）
印　　装：北京宝隆世纪印刷有限公司
787mm×1092mm　1/16　印张 20¾　字数 450 千字　2025 年 7 月北京第 1 版第 1 次印刷

购书咨询：010-64518888　　　　　　售后服务：010-64518899
网　　址：http://www.cip.com.cn
凡购买本书，如有缺损质量问题，本社销售中心负责调换。

定　价：198.00 元

献给每一位寻求真挚和美好，
渴望在自我探索的道路上不断成长的女性。

探索个人魅力
塑造独特之美

在今天这个被视觉盛宴所主导的时代，我们似乎身处在一个不断被定义的"标准"中。无论是广告、社交媒体，还是身边朋友的言谈，似乎每一个角落都在为我们描绘和展示什么样的容貌和形象是"真正的美"。

许多女性每天都与镜子里的自己对话，试图在那面镜子里找到一个与社会所标榜的"完美形象"相匹配的自己。她们可能花费大量的时间和精力，尝试各种流行的妆容和造型，寻找那个被大众接受的"最佳形象"。然而，这种外在的追求常常会导致内心的困惑和迷茫，因为真正的美，从来都不是一种统一的标准，也无法被某一个模板所定义，而是每个人独特的存在。

"什么样的妆容最美？"这是我在做化妆师的十几年里最常被问到的问题，这不仅仅是关于外貌的问题，更是对自我、对身份的追寻与定义。在这些年为上千位女性化妆、造型、做形象咨询的经历中，我逐渐意识到，每个女性的美丽都是独一无二的。真正的魅力并不是标准化的模板或一味地追逐流行，而是来源于内心的自信和与生俱来的独特性，而这份独特拥有无限的潜能，如果你好好地挖掘和塑造，就能逐渐形成个人风格。

但在实际的操作中，如何为一个人选择最合适的妆容，定义那个"最适合自己"的概念，常常是一件充满挑战的事。是选择冷色调还是暖色调？是追求飒爽利落，还是温婉柔美，抑或是清冷内敛？这背后隐藏的答案远比想象中复杂。

正因为如此，我对四季 12 型色彩理论（简称"四季 12 型"）产生了浓厚的兴趣。这不仅仅是一个关于色彩的系统科学，更是一种能够落地的实用哲学。将人们根据皮肤、眼睛和发色的不同特点，细分为12种不同的色彩类型，同时对应到不同的风格区间，这就类似在变美之路上，我们可以开卷考试了！当我们找到属于自己的色彩时，我们就找到了一种内在的力量，这种力量可以帮助我们抵御外界的繁杂信息和各种焦虑与压力，找到真正的自我。

想象一下，当你了解了自己的色彩类型，选择化妆品、服饰、发色，甚至饰品、包包，都将变得游刃有余。我们都曾见证那些女明星在找到了适合自己的色彩风格后，形象焕然一新，仿佛脱胎换骨。四季12型色彩理论为每一个普通女性提供了同样的机会，让每一个人都能成为自己生活中的女主角。

在我的职业生涯中，我见证了无数女性通过了解自己的色彩类型，重新获得了对生活的热情和自信。她们不再受困于外界的评价，不再为了迎合他人而失去自我。相反，她们学会了欣赏自己的独特之处，学会了用自己的方式，更舒适自在、更自信地装扮和生活，这是最为珍贵的美。

当下的女性审美正在经历一次深刻的变革，我们开始更加重视个性和自我表达。而四季12型正好满足了这一点，它提供了一种超越传统审美、五官条件、高矮胖瘦，且无关是否拥有大量的衣物和名牌饰品的方法，真正让每个人都能够找到属于自己的光芒。

对于美业专业者而言，了解并掌握四季12型色彩理论将大大提高工作效率，为客户提供的建议和方案也将更为精准，得到的反馈和满意度也会大大增加。尽管在国内，四季色彩12型的普及还在起步阶段，但我坚信它的潜力是巨大的。

因此，我决定写下这本书，分享我在色彩造型领域的知识和经验，还有我对于中国女性美的深刻理解，这种美是广阔的、丰富的、精妙的、动人的。我希望，通过这本书，每一位读者都可以探索到属于自己的色彩风格，由色彩引发对美的好奇，启动一场自我探寻之旅，找到那个真正的自己，那个更加自信、更加快乐、更加自在、更加闪耀的自己。

CONTENTS 目录

1

四季色彩理论溯源

002   1.1 个人魅力的来源与深度展现

007   1.2 什么是四季色彩个人风格?

008   1.3 四季12型——色彩造型中的科学体系

015   1.4 跨文化色彩分析

2

自然之光,
道与色彩的哲学

018   2.1 人类是如何感知色彩的?

019   2.2 道, 色彩, 宇宙

021   2.3 色彩在生活中的运用

022   2.4 色环的起源与演变

024   2.5 四季12型的核心——色彩三维度

027   2.6 色彩的视觉感受

031   2.7 人与自然的共鸣

3

深度剖析
色彩三维度

034   3.1 划时代的色彩理论

040   3.2 四季12型分类公式

044   3.3 三维度的深度剖析

051   3.4 三维度的结合应用

4

四季 12 型全面解析

054　4.1　净春——艳丽迷人的百变天后

074　4.2　暖春——轻盈水嫩的灵动少女

094　4.3　浅春——清淡柔和的邻家妹妹

114　4.4　浅夏——晶莹剔透的纯欲美人

134　4.5　冷夏——素雅飘逸的仙女姐姐

154　4.6　柔夏——纤柔慵懒的骨感仙女

174　4.7　柔秋——优雅柔美的氛围千金

194　4.8　暖秋——华贵典雅的贵妇姐姐

214　4.9　深秋——大气奢华的气势女神

234　4.10　深冬——高贵飒爽的红毯女王

256　4.11　冷冬——高冷干练的霸气高管

276　4.12　净冬——美艳明丽的浓颜女主

5

测色布使用教程

298　5.1　什么是四季色彩测色布？

299　5.2　如何正确使用测色布？

306　5.3　RGMA PRO 东方色彩体系

6

塑造属于自己的
个人风格

310　6.1　寻找个人风格的意义

314　6.2　普通人抄作业，六步骤打造色彩风格

318　6.3　找到自己，才能拥有闪耀的人生

320　后记

CHAPTER ONE

002　个人魅力的来源与深度展现

007　什么是四季色彩个人风格?

008　四季 12 型——色彩造型中的科学体系

015　跨文化色彩分析

第1章

四季色彩
理论溯源

1.1
个人魅力的来源
与深度展现

　　一个人的魅力并不仅仅基于外貌，而是外在和内在的完美结合。人们的外部魅力来源于他们的外观、肢体语言、声音等，而内部魅力则来源于他们的个性、情商、智慧、幽默感等。当外部吸引力和内部吸引力达到完美平衡的时候，就形成了独特的"个人风格"。

从外在到内在：全面解析个人魅力

　　人们常说："衣着决定第一印象。"但真正的魅力，绝不仅仅停留在外表之上，它是从外到内、从形到心的综合体现。真正让人留下深刻印象的，不是名牌，不是美容手段，更不是符合大众审美的容貌，而是那种由内而外散发出的气质和个性。

　　在深入探讨四季 12 型色彩理论及其在个人形象塑造中的作用时，我们发现色彩不仅仅是外在的装饰，它更是深刻表达个人内在品质和个性的工具。编写这本书的目的，就是希望能引导读者理解，如何通过四季 12 型色彩理论的应用，使内在个性和特质与外在形象和谐统一，进而舒适地做自己，展现独特的个人魅力。

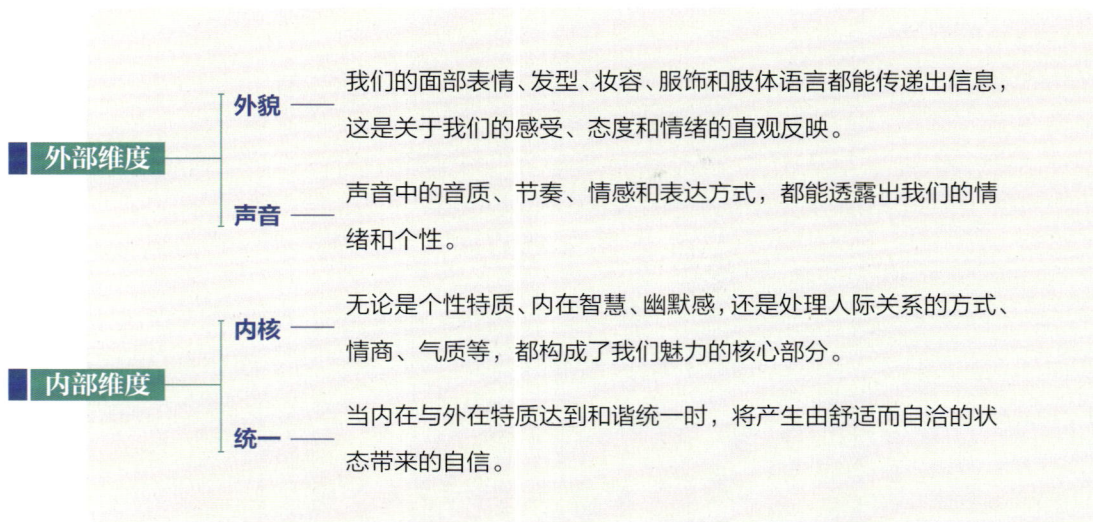

外部维度	外貌	我们的面部表情、发型、妆容、服饰和肢体语言都能传递出信息，这是关于我们的感受、态度和情绪的直观反映。
	声音	声音中的音质、节奏、情感和表达方式，都能透露出我们的情绪和个性。
内部维度	内核	无论是个性特质、内在智慧、幽默感，还是处理人际关系的方式、情商、气质等，都构成了我们魅力的核心部分。
	统一	当内在与外在特质达到和谐统一时，将产生由舒适而自洽的状态带来的自信。

色彩与个性：四季色彩理论的基础

四季色彩理论根据人的肤色、发色和瞳色等自然特质，将人们划分为春、夏、秋、冬四个季节类型，每个类型对应一套最为和谐的色板。这一理论的精髓在于，通过服装和妆容色彩的精准选择，不仅能够提升个人的外观魅力，更能够清晰直观地展现个人的内在气质，而当你深入了解四季色彩时，你会发现大多数人的内在特质与外在季型风格是有很大关联的。

内在气质的色彩表达

■ 春季型的人通常活泼、温暖，拥有明亮的外观，柔和的珊瑚色、明亮的黄色等色彩，能够进一步强调其乐观和活力。

■ 夏季型的人则给人以柔和、优雅的感觉，淡雅的蓝色和灰色等色彩，能够突出其内在的温柔与淡定。

■ 秋季型的人显得稳重、深邃，浓郁的枫叶红、棕色等秋季色彩能够体现其内在的生命力和热情。

■ 冬季型的人则散发着力量和神秘感，鲜明的红色、黑色等色彩，能够彰显其决断和独立。

通过色彩发现和表达真我

要实现内在与外在的和谐统一，首先需要深入理解自己属于哪一季节类型，以及这一类型反映的内在气质。然后，通过选择与自己的季节类型相匹配的色彩进行着装和化妆，不断塑造个人风格，提升外观上的和谐美感，更重要的是，这样的色彩选择能够自然地延伸和深度刻画个人特质。

色彩风格顾问的独特角色

个人风格的塑造源自对个人魅力的深层次探索，它要求外在的吸引力与内在的品质达成一种精妙的平衡。在这一过程中，色彩风格顾问扮演着至关重要的角色。他们不仅专注于通过色彩分析、搭配及应用来提升个人的视觉形象，更重要的是，他们致力于深挖和强化客户的内在本质，使之通过恰当的色彩选择得到最佳展现。

色彩风格顾问与化妆师的区别主要在于他们的工作重点和最终目标。色彩风格顾问通过深入的个人

　　色彩风格诊断，为客户提供关于服饰穿搭和妆发的全面指导，目标是帮助客户发现和应用最适合、最恰当的色彩规律，而非仅仅提供一个即时的造型解决方案。因此，色彩风格顾问的工作不仅是一门艺术，也是一种科学，它要求顾问拥有对色彩深刻的理解和敏感的洞察力，这使得色彩风格顾问成为一个不可替代的专业角色。

　　相比之下，化妆师通过对客户进行色彩诊断，可以更准确地定位到客户的造型风格，为他们提供更符合其自然特质的更优版本的妆容造型建议。这种基于色彩理论的方法，极大地提高了化妆师的工作效率和效果，使其在专业能力上更上一层楼，从而具备了核心的竞争力。

色彩对人的巨大影响

请观察不同色彩和风格的妆容对人的外在形象的影响：

● 不适合的色彩和化妆方式，使人看上去病态、显老、没有活力，面部瑕疵明显，呈现出疲倦感（左图）。

● 适合的色彩和化妆方式，使人肤色均匀明亮，能减少视觉上的瑕疵，呈现出年轻感（右图）。

1.2
什么是四季色彩
个人风格？

四季色彩个人风格是一种基于肤色、瞳色和头发颜色的分析方法，通过色相、明度和饱和度，将个人自然色彩与四季色彩体系相结合，以确定与个人外观和气质相匹配的色彩群，从而提升个人整体形象的和谐性与美感。

正如每个人的性格各异，每个人也有与之相匹配的色彩群和风格。同一色彩在不同季型的人身上展现出来的效果截然不同。例如，黑色商务套装在某些人身上显得利落有型，而在另一些人身上则可能显得压抑和黯淡，仿佛人与衣物不相衬，甚至会使人显老失色。这种现象归根到底是因为人们受到周遭色彩环境的影响，从而形成了不同的色彩契合度，也就是颜色与个人形象"合拍"的程度。

然而，这并不意味着每个人只能局限于特定的颜色选择。举例来说，在四季色彩体系中，每个季型的人都能找到适合自己的蓝色，关键在于颜色的色相、明度和饱和度的不同。比如，鲜艳的宝石蓝适合冬季型的人，而柔和的莫兰迪雾蓝则更适合夏季型的人。

穿着高契合度颜色的服装能给人带来哪些具体好处呢？

❶ 皮肤看起来更紧致，肤色均匀，有年轻感，散发活力。

❷ 在生活的各个场合都能给他人留下更好的第一印象。

❸ 整体形象更协调自然，塑造更明确的个人风格。

反之，低契合度的颜色则可能显得暗淡无光或突兀，与个人气质不符。生活中的服装造型与妆容用色，就是要运用和谐的色彩来为人们提供更好的外在衬托。

高契合度的色彩就是与你的基因色彩相吻合的颜色。这不仅可以运用在服装上，也可运用在化妆上。实际上，进行四季12型风格定位是一种更省钱的方式，它能大幅降低购物时的失误率，帮助人们通过不断尝试适合自己的色彩和着装方式，更深入地了解自己，获得正面的反馈，从而增强自信心，活出更加快乐和完整的自己。

1.3
四季 12 型——
色彩造型中的科学体系

　　在我们深入研究四季 12 型之前，让我们回溯到四季色彩概念的萌芽时期。季节性色彩分析，并非当今的新奇概念，它的灵感源于 19 世纪的印象派画家，这些艺术家以精湛的艺术观察和表现技巧，为四季的色彩世界注入了新的生命和情感。

《睡莲》

《花园中的鸢尾》

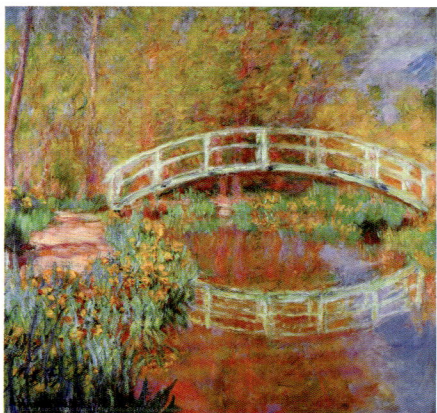

《圣西蒙农场雪路上的马车》

《日本桥》

克劳德·莫奈笔下的春夏秋冬

这些艺术家为了精确地捕捉每个季节的本质，倾注了大量心血，深入研究了每个季节所独有的色彩表达方式。每个季节仿佛都是一幅色彩的杰作，都有着独特的调色板。春天展现清新、明亮、温暖的娇媚色彩，夏天呈现柔和、凉爽的恬静温婉，秋天如一幅金黄、温暖、朴实的油画，冬天则宛如一曲冰凉、凛冽、深邃的交响曲。

这些印象派画家的作品，深刻地影响了色彩和谐原理的演变，为后来的色彩分析提供了坚实的基础。他们的作品不仅使我们更加敏锐地感知到四季之美，还促进了对个体色彩季节类型的深入研究，将艺术与科学融合在一起，探索人与色彩之间复杂而精妙的互动。在我们深入研究四季 12 型之前，了解这一色彩哲学的根源，有助于更好地理解季节与色彩之间深刻的联系。

早期的四季色彩理论

四季色彩的发展史是一个很有意思的过程，它揭示了我们对色彩的认知是如何演变的，以及色彩如何影响了我们的审美观念和生活方式。在这个探索色彩哲学的旅程中，我们不得不提到一些重要人物，他们的研究和贡献深刻地影响了我们对四季色彩的理解。

在 20 世纪中期，色彩分析师和形象设计师苏珊娜·凯吉尔（Suzzane Caygill）率先将季节性色彩细分成春、夏、秋、冬四个大类别，也就是最初期的基本季型。每个季节代表了一组特定的色彩特征，这些特征与个人的肤色、瞳色、头发颜色以及该季型的人的个性和气质相协调，进一步深化了人们对色彩和个体之间关系的理解。与其他季节色彩系统相比，凯吉尔的方法更加细致和个性化。她不仅仅是将人们简单地分类到这四个季节中的某一个，而是进一步细化，识别出个人的独特色调和方案，这些方案为未来的跨越基本季型的理论发展奠定了基础。

后来，另一位色彩专家多丽丝·普瑟（Doris Pooser），在色彩咨询和个人形象设计方面也作出了重要贡献，但她的方法和理论有所不同。她更多地集

苏珊娜·凯吉尔 (Suzzane Caygill)

中在如何根据个人的外观特征，包括肤色、瞳色和头发的颜色来选择最适合的服装、化妆品和配饰的颜色，更加落地和实用，能帮助人们通过正确的色彩选择提升形象和自信心。

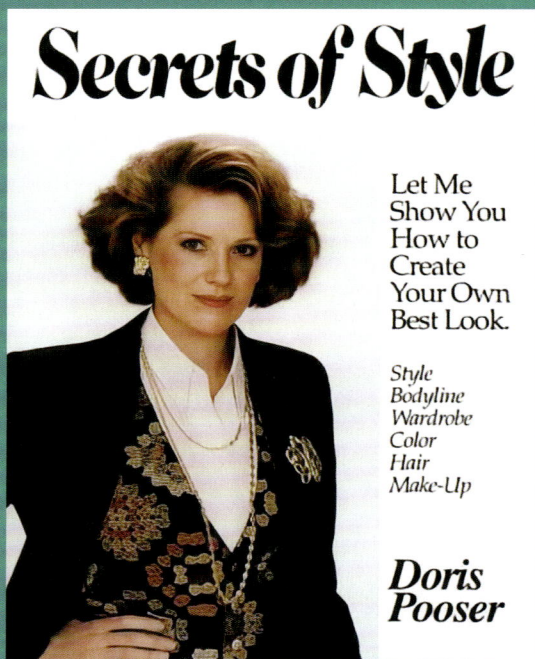

Secrets of Style
多丽丝·普瑟（Doris Pooser）

Color Me Beautiful
卡洛尔·杰克逊（Carole Jackson）

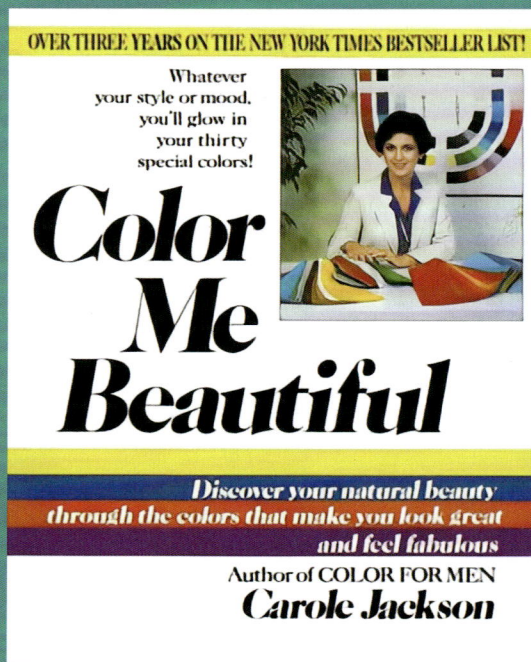

　　20 世纪 70 年代，美国学者、被誉为四季色彩理论的奠基人之一的卡洛尔·杰克逊（Carole Jackson）出版了她的经典著作 *Color Me Beautiful*，这本书在色彩分析领域产生了巨大的影响。她以简单易懂的方式介绍了四季色彩理论，帮助人们找到适合自己的色彩，不仅改变了个体形象，还深刻地影响了时尚和美容产业。

　　玛丽·斯毕兰（Mary Spillane）是另一位色彩分析领域的杰出人物，她的研究为四季色彩理论增添了更多的维度。她认为，不仅仅应考虑外表的色彩，内在的情感和性格特点也应该考虑在内，她强调了人们在不同季节中可能具有不同的色彩特征，为不同个体提供了更多的选择，以找到最适合自己的色彩组合。

　　随后，佐藤泰子（Yasuko Sato）将这一理论引入亚洲，她是日本著名的色彩顾问，也被誉为日本形象管理行业的先驱之一。她还强调了个人形象和外表对于个人和职业成功的重要性，并研究了如何通过个人色彩分析来增强自信、提升形象。

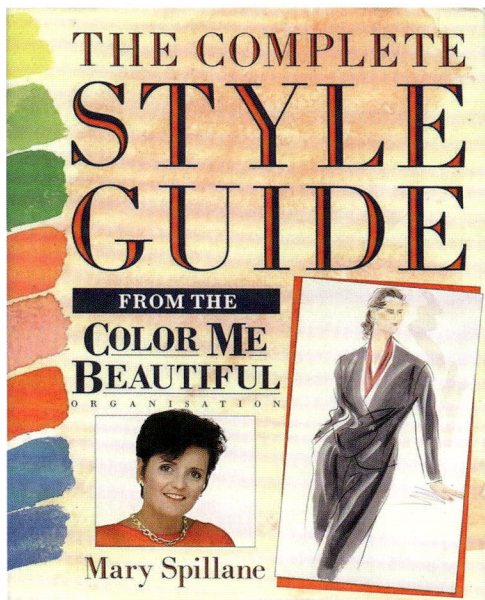

The Complete Style Guide
玛丽·斯毕兰（Mary Spillane）

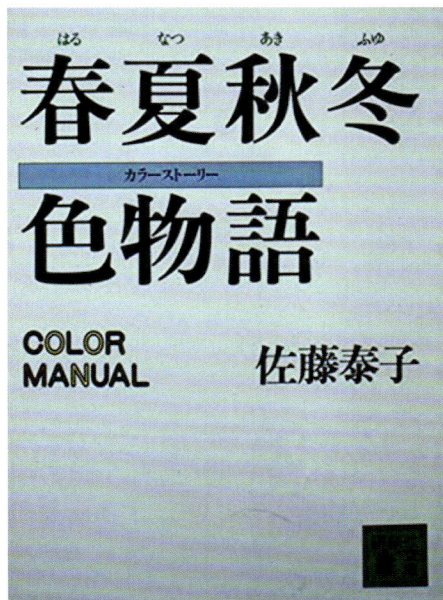

《春夏秋冬色物语》
佐藤泰子

四个季节的色彩气质

　　每个季节都像一张调色板：春天呈现出清新、明亮、温暖的色彩；夏季则拥有柔和、凉爽的调子；秋天仿佛一块金黄、温暖、朴素的调色板；而冬天则展现出冷峻、清澈、深邃的色调。

　　正如同大自然的调色盘，四季色彩是根据每一组色调与大自然的四季相对应的特性来命名的。其中，"春"与"秋"代表暖色调，而"夏"与"冬"则代表冷色调。虽然每个色调都包含了赤、橙、黄、绿、青、蓝、紫等基本色，但仔细分辨，你会发现它们的色调千差万别。

　　我们为何要深入研究这四组色调呢？因为我们每个人的色彩属性是不一样的。每个人的肤色、头发的颜色、瞳孔的颜色、嘴唇的颜色，甚至笑起来脸上的红晕都是不同的，这些就是每个人与生俱来的色彩特征，也称为你的色彩属性。我们要做的，就是在这里的四组色调中，找出与自己的自然色彩属性相协调的色彩群，那么一切用色，包括化妆用色、服饰用色甚至居室、周边环境用色，就都可以统一到同一组色彩中了。

春季型——明亮鲜艳的色彩

　　在大自然中，当春回大地、万物复苏时，春的色彩犹如清新的旋律，轻盈地跳跃于每一处。柳芽绽放的新绿，杏花与桃花的细腻粉色，就像画师的笔触，在大地上涂上一抹鲜亮。这些明亮而鲜艳的色彩，不仅代表着春的气息，更是春的魅力与活力的象征。

春季型的人仿佛是大自然春意的化身。他们那明亮如玻璃珠的眼眸与细腻透亮的肌肤，洋溢着春天的朝气。他们的气质像初春的早晨，展现出一种年轻、充满生机与纯真的魅力。当他们选择鲜艳、明亮的色彩来打扮时，仿佛时间为他们驻足，显得更加青春、富有活力。

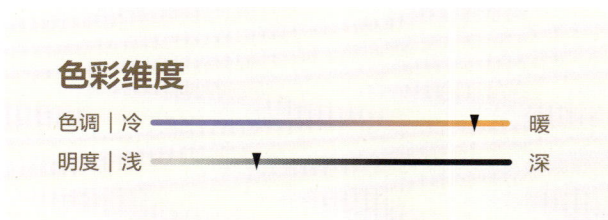

对于春季型的人来说，选色的原则是：颜色应当新鲜、明亮，不宜过于暗沉或过旧。就像春天的使者，用黄基调的色彩展现出明亮而可爱的形象。

春季型人的服饰调性主要为暖色系中的明亮色调，它们如同春日的田野，泛着微黄。在春季色彩群中，如亮黄绿、杏色、浅水蓝、浅金等，这样的颜色搭配轻盈朝气，还带有一些少女的柔美感。在色彩搭配中，要遵循明亮与鲜艳的原则。

夏季型——柔和淡雅的色彩

当夏日的阳光倾洒而下，那柔和淡雅的色彩就像少女轻舞的长裙。碧蓝如海的天空、绵延的江南水乡，以及轻笔勾勒的水彩画面，都为夏天披上了一件清新、淡雅、恬静的外衣。

夏季型的人就如同清凉的山泉水，流露出温婉、飘逸、柔和而又亲切的气质。他们也像一片碧绿的湖面，能让人在浮躁中找到宁静的角落，得到心灵的沉淀。他们的身体色彩特征，为他们铸造了那轻柔、淡雅的光晕，携带着温柔与恬静。

夏季大自然中的常春藤、紫丁香，还有那蔚蓝的海水与天空，与夏季型人共同构成了最和谐的色彩

色彩维度

色调｜冷 ▬▬▬▬▬▬▬▬ 暖

明度｜浅 ▬▬▬▬▬▬▬▬ 深

summer 夏季型

画卷。这些浅淡的自然色调，似乎专为夏季型人而生，它们共同绘制了一幅清新淡雅、浓淡有致的画面。在服饰色彩上，与夏季型的人最为契合的是深浅不一的粉、蓝与紫，那些带着一丝朦胧的色调更能为他们加分。

秋季型——浑厚浓郁的色彩

秋天，枫叶的鲜红与银杏的金黄映入眼帘，还有一片片灿烂如锦的玉米田、沉甸甸的麦穗、深厚的泥土与宁静古老的山脉。秋季型的人带着大自然的秋色，他们有瓷器般的象牙色皮肤或略深的棕黄色皮肤，他们深邃而沉稳的眼眸、深棕色的发丝，是四季中最为韵味浓郁和华贵的存在。

秋季型的人适合选择与身体色彩和谐的暖色调，尤以金色为主，这样能展现出一种高贵、典雅的气

质。在选择色彩时，追求的是那种浓烈而温暖的感觉，用浑厚浓郁的金色调来勾画他们的成熟与高贵。

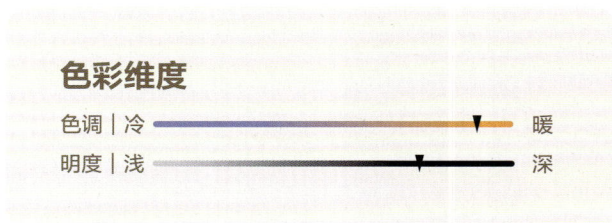

色彩维度

色调｜冷 ————————————▼———— 暖

明度｜浅 ——————▼———————————— 深

autumn 秋季型

　　秋季型人与秋天那广袤的田野、丰收的金黄色调是如此地和谐、一致。他们的衣着色彩选择更倾向于暖色系中的深沉色调，那些浓烈而华丽的颜色，如同秋日的阳光，能够最大程度地衬托出他们成熟与高贵的气质。深沉的棕色、闪耀的金色或静谧的苔绿，都是他们最佳的代表色，完美地展现了他们自信与高雅的气质。

冬季型——冷峻艳丽的色彩

　　冬夜的乌云中，洁白的雪花飘洒而下，如同宇宙中的星辰，雪山中结冰的湖面映照出来的绝妙景色，正是冬季型色彩的最佳注解。这些鲜明、热烈、纯正的色彩，好似冬日里的北极光，照亮了整个宇宙。

　　冬季型的人是那些在人群中能够立刻被识别出来的存在。那些对比鲜明、饱和度高的颜色都适合他们。他们黑如墨水的发丝与洁白如雪的皮肤形成强烈对比，眼中的锐利光芒像是夜空中的星星，独具魅力。

　　天然的黑发、深邃的眼眸，以及那几乎不泛红晕的冷调肤色，这些都是冬季型人的独有标志。对于他们来说，无彩色和那些大胆而纯正的颜色最能衬托出他们的气质。而那些在各国国旗上出现的鲜明颜色，正是他们的最爱。正红、酒红或是纯正的玫瑰红，都能完美匹配他们的个性。冬季型人的魅力，在于那种鲜明、有光泽的颜色选择，他们适合用饱和的纯色来展现那种冷峻而又震撼的美。

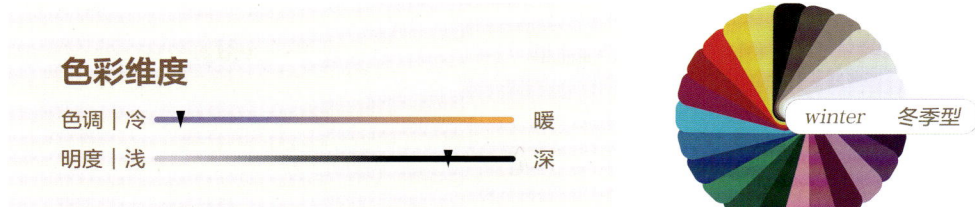

色彩维度

色调｜冷 ──────▼────── 暖

明度｜浅 ──────────▼── 深

winter　冬季型

1.4
跨文化色彩分析

　　东西方色彩体系的差异不仅体现在文化和审美偏好上，更深刻地根植于各自独特的环境和遗传背景中。这种差异带来了人类肤色、瞳色和头发色彩的丰富多样性，对四季色彩理论的应用提出了更高的要求，我们需要在实践中更加精细和敏锐。

东西方人种的基因色彩差异

　　西方的种族多样性，为他们赋予了丰富的色彩。从金黄色的浅发到深邃的黑发，从翠绿的眼眸到深邃的棕眸，这些明显的差异，使得对于西方人的四季色彩类型的划分相对直观。

　　而东方人看上去似乎大多拥有相似的黄皮肤、黑发和黑眼睛，但其实这之中，也蕴藏着许多微妙的差异。如果仅按照西方的标准来判断，那么许多东方人可能都会被误划为同一季节，但实际上，他们之间的差异远比想象中要复杂得多。

　　因此，对于东方人的四季色彩分类，需要更加细致地观察和对比。在黑发中，可能有的人发色偏暖，有的偏冷；在黑眼睛中，有的眼中可能泛着深褐的光，有的则略显灰绿。识别这些细微的差别，不仅要求色彩顾问具备敏锐的观察能力，还需要其对东西方文化和遗传背景有深入的理解。

　　每个人无论来自东方还是西方，都拥有其独特的色彩特质，正是这些微妙的个体差异使得我们的世界变得如此丰富多彩和迷人。若要发现和拥抱这些个性化的色彩，就需要深入了解自己的文化、特质和遗传特点，只有这样，才能找到最适合自己的色彩方案。

CHAPTER TWO

018　人类是如何感知色彩的?

019　道, 色彩, 宇宙

021　色彩在生活中的运用

022　色环的起源与演变

024　四季 12 型的核心——色彩三维度

027　色彩的视觉感受

031　人与自然的共鸣

第2章

自然之光，道与色彩的哲学

2.1
人类是
如何感知色彩的？

当我们探讨为何我们的眼睛能够感知到不同的颜色时，首先要理解一个基本原则：光和色彩息息相关，没有光就没有色彩。当太阳高悬天空，阳光照射在大地上时，一部分光被物体吸收并转化为热能，但还有一部分光线没有被吸收，它们被反射并穿过我们的眼睛，这就是色彩的来源。我们能够看到这世界上的百万种色彩，正是因为光。

可能有人对此感到有些疑惑，但色彩的真相是，物体本身并没有颜色。颜色的形成，实际上是光线与物体表层物质交互反射的结果，这些反射的光线在大脑中形成了我们所知的颜色。物体表层的物质（也被称为色素）既存在于大自然中，也可以被人为制造，这些表层物质的颜色取决于物体吸收了哪些颜色的光，并反射了哪些颜色的光。色彩的制造，正是基于光学原理。

在 1666 年，英国科学家以撒·牛顿（Isaac Newton）进行了一项重要的实验，他通过使用三棱镜将阳光折射到一块白色屏幕上，结果出现了七种不同的颜色光谱。这七种颜色是红、橙、黄、绿、蓝、靛、紫，它们合在一起形成了自然光。这个实验不仅震惊了科学界，也引发了人们对于色彩的深刻思考。这个发现证明了太阳光其实是由多种不同波长的光线组成的，而每一种波长都对应一个不同的颜色。可见光谱的范围通常介于 380 纳米（紫色）到 750 纳米（红色）之间。这个范围内的不同波长的光线呈现出不同的颜色。较短波长的光线，例如紫色和蓝色，在视觉上被感知为冷色调，而较长波长的光线，例如橙色和红色，则被感知为暖色调。波长与颜色之间存在密切关系。

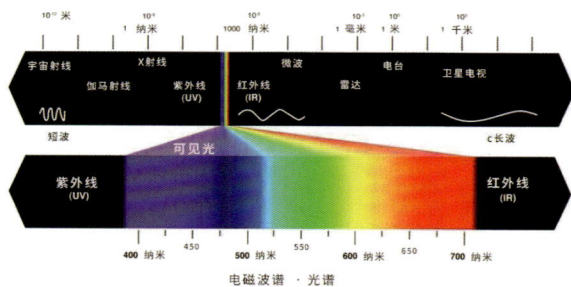

电磁波谱·光谱

因此，我们实际上是感知到了光线的波长和颜色，而不是物体本身具有颜色。光的波长决定了我们看到的颜色，而可见光谱是我们肉眼所能感知的颜色范围。人类色彩感知的奥秘在于光线、波长和视觉系统的复杂相互作用。

这个实验的重要结论是，人眼只能看到可见光谱中的一小部分。而仅仅是这"一小部分"中的色彩，也已经有数百万种了。

2.2
道，色彩，宇宙

在我不断地研究和探索色彩科学的这些年里，越深入学习，越感受到色彩的深奥和绝妙。我发现，可见光的实验原理中，也蕴含了老子《道德经》中的经典思想：

> " 道生一，一生二，二生三，三生万物。 "

　　"道"代表着一个最原始、纯粹的状态或存在。正如"道"是宇宙的起源，光是视觉世界的基石。在无尽的黑暗中，光带来了色彩的可能性，为我们打开了一个五彩斑斓的世界的大门。

　　当我们谈论三原色——红、黄、蓝时，它们可以被看作是色彩中的"一"，是所有其他颜色的源头。"一生二，二生三"，说的就是将三原色两两相混合，得到了第二次色（绿、橙、紫），再将第二次色分别和三原色相混合，会得到第三次色。随着色彩的不断组合和变化，我们最终得到了一个无尽的色彩世界，就如"三生万物"描述的那样。

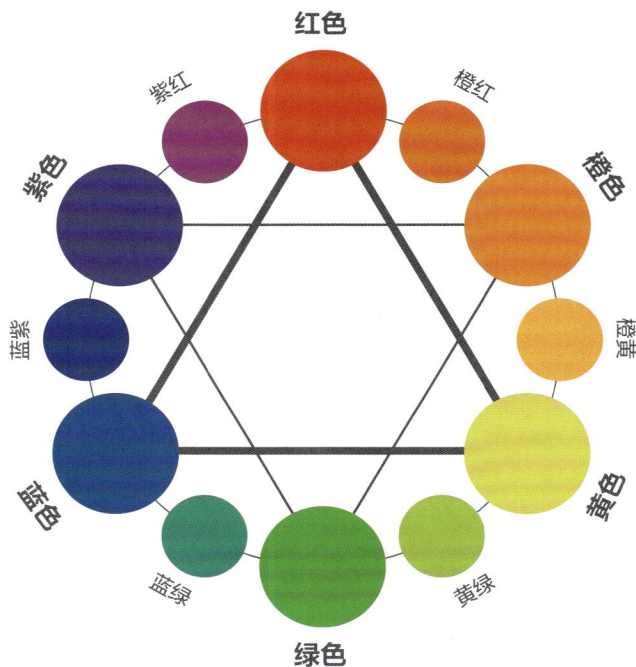

　　太奇妙了！当我们觉得已经找到了色彩规律时，古老的东方智慧却为我们揭示了更深层次的世界，就像是《道德经》中的道家哲学为我们勾画出一个宇宙的起源和演变图景，这样宏大的理论竟能和世间万物的底层规律完美重叠。

　　每每想到这里，我感觉好像整个大脑和心都被照亮了，就像是透过光看到了一个更广阔、更有趣的世界。色彩不只是对眼睛的刺激，它也能成为对心灵的滋养。每一种颜色都携带着特定的情感和意义，能够触动我们的内心深处。当我们透过色彩观察世界时，我们不仅能够欣赏到其外部的美丽，更能够感受到它所带来的科学深度，与宇宙的奥秘建立联系。

　　从这个角度来看，色彩不仅仅是科学的，它还是哲学的，与我们的生命、情感和宇宙观念紧密相连。通过对色彩的学习和探索，我们不仅能更好地理解外部世界，感受奇妙美好的色彩，提升美感，治愈心灵，还能更深入地洞悉我们的内心和宇宙的奥秘。我想这就是为什么色彩能够如此巧妙地去影响人的风格和特质吧！

2.3
色彩在生活中的运用

　　色彩是一种强大的工具，它能够激发情感、传递信息，甚至会影响我们的决定和判断等。我们可能从来没有意识到，自己每一天、每一刻都在被色彩影响着。

　　每一种颜色都有自己独特的情绪连接。例如，红色往往与激情、爱情和活力相关联，在我们中国的文化里，红色还代表着幸运和繁荣，这就是为什么在新年、传统婚礼等欢庆的时刻我们常会看到红色；但同时，红色也和危险或警示有关，如马路上的交通灯或一些表达禁止的标识采用了红色，因为红色可以立即引起人的注意。相反，蓝色通常让人感到平静、冷静和沉思，因此它常出现在医院和办公室的设计中，以帮助人们保持冷静和集中注意力。

　　颜色的选择也是很多品牌和公司形象建设中的重要组成部分。一个品牌的颜色可以帮助塑造消费者对其的看法和情感连接。例如，使用绿色可能会让人们认为产品是环保的或与自然相关，而金色可能会传达出一种豪华和高档的感觉。在日常生活中，颜色也起到了重要的作用。它们可以影响我们的情绪、决策甚至健康。例如，某些颜色可能会促使我们吃得更多，而某些颜色则可能有助于提高我们的注意力或安抚情绪。

　　那么，如何知道哪些颜色好看或不好看呢？

　　这就涉及色彩理论知识了。色彩理论是对颜色的研究和分析，它能帮助我们了解不同颜色之间的关系以及它们如何影响我们的感知。其中一个重要的概念是色相（hue），它用于描述颜色的基本属性，比如红、黄、蓝等。明度（value）则表示颜色的亮度，从深黑到亮白，决定了颜色的明暗程度。饱和度

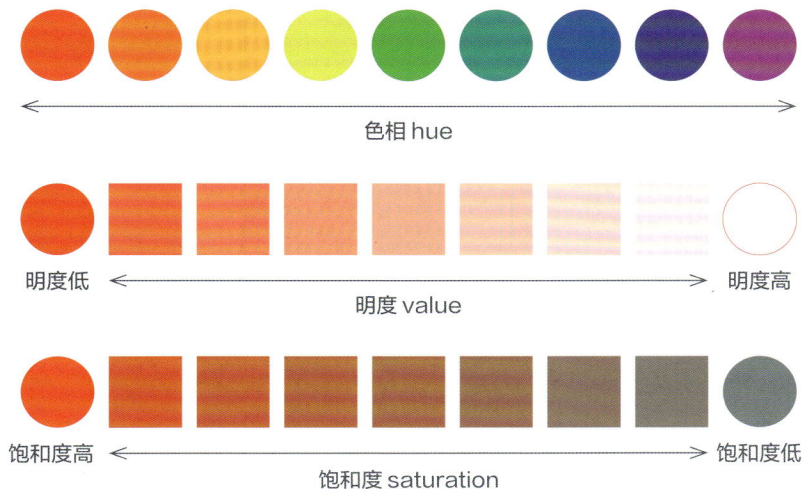

色相 hue

明度低 ←→ 明度高
明度 value

饱和度高 ←→ 饱和度低
饱和度 saturation

（saturation）则表示颜色的鲜艳程度，高饱和度的颜色更鲜艳，而低饱和度的颜色则更淡雅。

　　无论是刚开始接触色彩知识的初学者，还是已经在行业内颇有经验的造型师、设计师、化妆师，都需要具备扎实的色彩基础知识和敏锐的色感，这不仅能够提升我们的色彩洞察力，更是对我们学习四季 12 型的色彩体系、观察人的基因色彩，以及选择颜色、妆容、服装、配饰等方面都非常有帮助。

2.4
色环的起源与演变

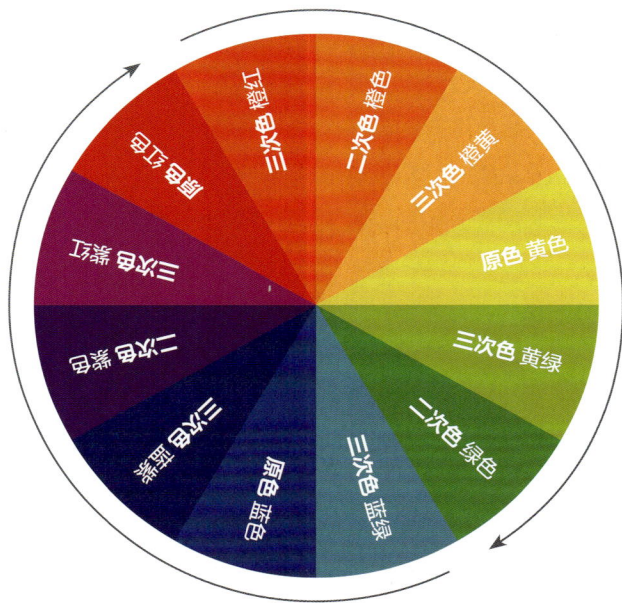

　　当我们追溯色彩的根源和发展历程时，我们将发现色环的诞生和演化是色彩理论中的一个关键时刻，这些发现和理论为我们解释色彩的复杂性和美妙性提供了重要的基础。

　　1666 年，牛顿的三棱镜实验揭示了太阳光实际上是由七种颜色构成的。在牛顿的色环上，他将颜色的序列和相互关系以图形的方式呈现出来。这个色环体现了色相的连续变化，从一个颜色平滑地过渡到另一个颜色。这个色环也为后来的色彩理论体系的建立提供了重要的理论基础，有助于人们更好地理解颜色之间的关系和演变。

　　此后，人们开始使用色环来确定颜色的统一体系。色环首先确定了原色，也就是无法通过混合其他颜色获得的基本颜色。通常，红、黄、蓝被认为是原色，因为它们不能由其他颜色混合而来，同时它们可以

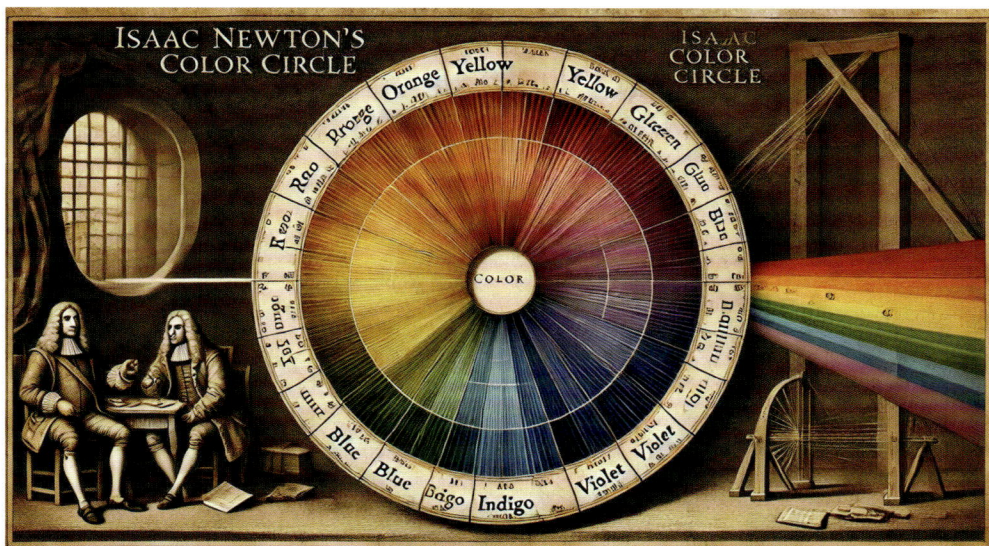

牛顿色环

混合出其他所有颜色。接下来，色环确定了混合色，即通过将原色以不同比例混合而得出的颜色。这种按次序排列的图形帮助人们更好地理解颜色的关系和衍生。

1708年，克劳德·布特（Claude Boutet）在其书中展示了7色和12色色环，进一步扩展了颜色的体系。色环将颜色的多样性展现得淋漓尽致，使人们能够更清晰地看到不同色彩之间的变化和联系。色环的诞生和发展为色彩理论提供了坚实的基础，帮助我们更深入地理解色彩的本质和变化规律，也是我们理解四季色彩及其运用方法的底层逻辑。

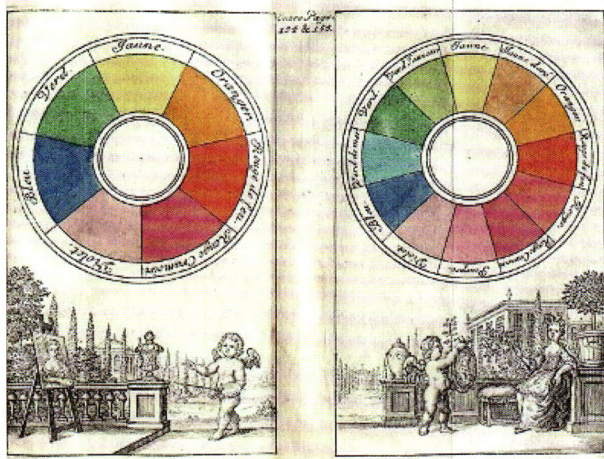

克劳德·布特（Claude Boutet）书中的色环

2.5
四季 12 型的核心——
色彩三维度

当我们学习和探讨色彩时，不仅仅要提升对色彩的感知力，还需要深刻理解如何区分和描述不同的颜色，对于学习四季 12 型及色彩运用，这些色彩基础尤为关键。接下来我们将深入研究色彩的三个关键维度（也被称为色彩三要素）：色相、明度和饱和度。

色相 hue（底色 undertone）

色相是色彩的第一个维度，它描述了一种颜色的基本属性，如红、橙、黄、绿、蓝、靛和紫。色相是我们最容易识别的色彩特征，因为它直接与颜色名称相关。例如，当我们说"橙色、蓝色、绿色"时，我们实际上谈论的就是色相。

在个人风格色彩的理论中，色相主要指的是"底色(undertone)"，也就是肤色、发色和瞳色是冷色调、暖色调还是中性色调。为便于后续理解，我们先将 12 色轮按照它们的冷暖特性进行粗略分类。

冷色调　　　　　　　　　　　　　　　　　　　　　　　暖色调

但要注意，并不是所有的黄色都属于暖色，也不是所有的蓝色都属于冷色，这往往容易引起混淆。色彩的冷暖是相对的，需要通过对比来进行判断。

冷黄 cool yellow	暖黄 warm yellow

冷蓝 cool blue	暖蓝 warm blue

举例来说，左侧的黄色相对更冷，因为它含有一些蓝色成分。而右侧的黄色看起来更暖，因为它包含更多黄色。同样，右侧的蓝色相对更暖，因为它带有一些黄色成分，而左侧的蓝色更冷，因为它包含更多蓝色。

从这两个例子可以看出，我们所说的色彩底色实际上指的是颜色中的主要色彩成分。如果一个颜色的底色中包含更多的黄色，那么它就被认为是暖色；如果底色中包含更多的蓝色，那么它就被认为是冷色。

暖色 warm	中性色 neutral	中性色 neutral	冷色 cool

如果很难辨别一个颜色是冷还是暖，那么它可能是中性色。例如，红色和绿色都被认为是中性色，因为红色属于三原色，它不含任何的黄和蓝，也就是说，标准的红不带有任何冷暖属性，是中性色。而标准的绿色则包含了等量的黄和蓝，相当于一比一的比例，不会偏向冷和暖的任何一侧，因此也是中性色。

明度 value（深度 depth）

明度是色彩的第二个维度，它描述了颜色的明暗程度。从深黑到纯白，明度覆盖了整个范围。明度与光的亮度相关，当光线强时，我们感觉颜色更明亮，当光线弱时，颜色看起来更暗。

想象一下，红色在其最饱和的状态下是怎样的？鲜艳、充满活力。但当我们逐渐减少其明度时，它变得更加沉稳，最终会退化到接近黑色。反之，增加明度会使颜色逐渐变亮，直到它变成白色。

高 ← —————————— 明度 —————————— → 低

明度为我们提供了一个颜色的深度维度，使我们可以感受到同一颜色的各种变化和层次。它影响我们对颜色的情感反应，赋予颜色以情境。例如，深沉的蓝色可能会让人联想到宁静的夜晚，而高明度的蓝色则可能会让人想到晴朗的天空。

同时，明度在艺术和设计中起到至关重要的作用。通过调整明度，艺术家和设计师可以创造出立体感、对比和焦点，为他们的作品增添深度和动态感。

饱和度 saturation（彩度 chroma / 净度 clarity / 鲜艳度 vibrance）

在个人色彩中，无论是饱和度、彩度、净度还是鲜艳度，这些术语均指向同一概念：颜色的纯度或强度。

饱和度描述了色彩的纯度和强度。高饱和度的颜色呈现出鲜艳和浓郁之感，而低饱和度的颜色则带有更加柔和、素雅的感觉。这种纯度变化主要是通过将纯色与灰色混合来实现的。颜色中灰色的增加意味着饱和度的降低，而彩度和净度也相应地降低。

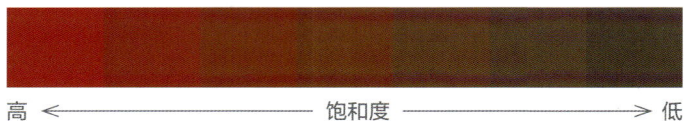

高 ←——————————— 饱和度 ———————————→ 低

在美妆、时尚和设计领域中，色彩的体现也符合同样的规律。饱和度的选择关乎情感与风格的传达。饱和度高的颜色更能营造强烈的视觉效果，能够抓住人们的注意力，传达出活力、热情或紧迫感。相反，低饱和度的颜色则传递出一种宁静、平和、淡雅的气质，例如被人们认为有高级感的莫兰迪色系。

高饱和度

低饱和度

2.6
色彩的视觉感受

色彩的温度与印象

　　尽管色彩本身并不真正具有温度，但它们确实能唤起我们心中的温度感受。这种感受不仅源于我们的视觉体验，还与我们的文化、教育和生活经验紧密相连。因此，当我们谈论色彩的"冷"或"暖"时，我们实际上是在描述它对我们的情感和心理的影响。

暖色

　　红、红橙、橙、黄橙、黄和棕色，这些色彩往往带给我们温暖的联想。它们使人想起太阳照耀下的金色麦田、炙热的火焰，还有生活中充满热情与活力的场景。当我们看到这些色彩时，我们的心灵可能被温暖包围，感到舒适、兴奋甚或有些激动。

冷色

　　蓝、紫、墨绿等，它们引导我们进入一个完全不同的世界。这些色彩使我们想起宁静的夜空、皑皑白雪覆盖的高山，还有无尽的海洋深处。它们给人一种宁静、开放、理性和孤独的感受。

中性色

　　黑、白和灰，它们是色彩世界中的中立者。它们既不能带给我们明确的冷暖感，也不能强烈地激发我们的情感，但它们为色彩提供了平衡和对比。

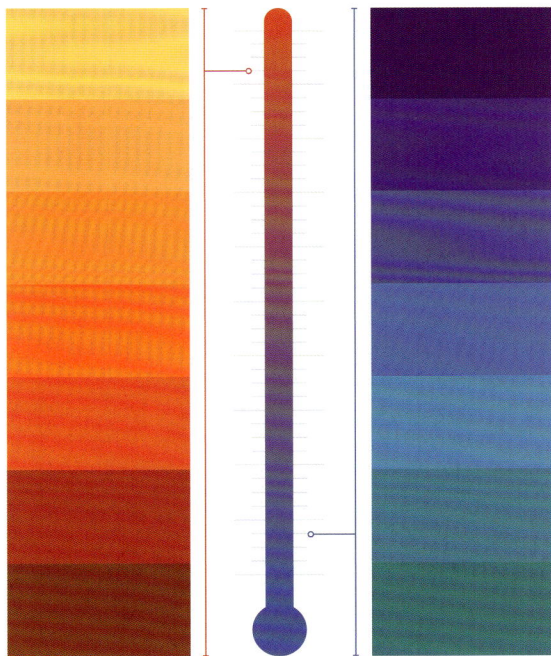

　　颜色的冷暖和饱和度是流动变化的，带给我们的感受也并非固定不变。例如，在描绘清晨的天空时，采用粉红（由冷红演变而来）可呈现出一种冷静的美感，但在描绘晚霞时，却应采用更加热烈的色彩，如橙红色（由暖红演变而来）。

　　色彩，就像一门富有表现力的语言，借由其独特的韵律和节奏，传递出丰富的情感和意境。我们常常会在无意识中为每一种色彩贴上标签，将其与某种感觉、某种物品或某种情境紧密联系在一起。

　　暖色不仅仅是温暖的，它们还具备以下的特质与印象：

- 🔴 活力、豪放、热情、轰轰烈烈、活泼、力量、阳光。
- 🔴 男性、强烈、重量感。
- 🔴 高温、干旱、深沉、迫近、扩大、凸出。

而当我们说到冷色，我们可能会联想到这些词汇：

- 🔵 宁静、婉约、文雅、温柔、冷静、理智、柔和。
- 🔵 女性、轻盈、开阔、平淡、稀薄。
- 🔵 清冷、微弱、水润、远离、缩小、凹陷。

色彩的质感

色彩的轻重之感

　　色彩所传递的轻重感觉，大部分源自其明度。高明度的色彩像是用亮色画笔描绘的，让人们联想到天空的蓝、白云的轻盈、彩霞的缤纷或羊毛般的天然材质，赋予人们一种轻盈、飘逸、上升的感觉。而低明度的色彩则似乎被厚重的笔触所打造，让我们想到坚固的钢铁和沉稳的大理石，它们给人一种沉重、稳重、向下的感觉。而在同等明度之下，暖色似乎带有更多的质感和重量，比冷色更显厚重。

　　在同样的明度条件下，暖色给人的感觉通常更加丰满和有重量，相较之下，冷色则显得更轻盈。暖色的这种特质，让它们在视觉和情感上都显得更加接近和温暖，仿佛是阳光下温暖的拥抱，让人感受到安全和舒适。这种色彩的轻重感，不仅是视觉上的体验，更触动了我们的情感世界，让我们能够通过色彩感知世界的多样性和丰富性，进而理解色彩背后的深刻含义。

色彩的软硬之感

色彩的软硬感受并不仅仅受到明度的影响，纯度也起到了关键作用。纯度较低的色彩仿佛被柔软的触感所包裹，就像许多动物（如骆驼、狐狸、猫、狗）的柔顺皮毛，或是毛呢、绒织物这样的温暖材料。它们带给人们一种柔和、舒适的感觉。而纯度较高的色彩则更具张力和冲击力，它们像是用坚硬的材料雕刻出来的。尤其是当这些高纯度的色彩再与低明度结合时，它们的硬感就更加强烈。值得注意的是，与明度和纯度相比，色相对色彩的软硬之感的影响较小。

色彩的深度与范围

色彩的前后之感

接下来，我们讨论色彩的深度与距离感，即色彩的前后之感。这种感知主要源自色彩的波长及其心理视觉效应，而非色彩在视网膜上的具体成像位置。

红、橙、黄等暖色系的光波较长，容易引发视觉上的紧迫感，使这些色彩看起来更接近观察者，增强前向感。而蓝、绿、紫等冷色系的光波较短，在大气环境中更容易发生散射，给人一种更加遥远、空间更为开阔的感受。

由色彩产生的这种视错觉不仅改变了我们对物体大小的感知，还深刻影响了我们的情感反应。暖色调、纯色、高明度的色彩似乎向我们靠近，带来一种活力和温暖的感受。而冷色调、淡色、低明度的色彩则让我们感到宁静和遥远。通过对色彩的深入理解和应用，我们能够更好地利用色彩来调节空间感和情绪反应，从而创造出更具吸引力和舒适感的环境。

色彩的大小之感

色彩在我们眼中不仅能创造出深度和空间感，甚至能影响我们对物体大小的感知。这种效应主要与色彩的亮度、波长、视觉对比有关。

暖色系以及亮度较高的色彩，对比度高，在心理感知上更具扩张性，因此会使物体在视觉上增强存在感，让物体看起来更庞大、更靠近。相比之下，蓝、绿、紫等冷色系以及亮度较低的色彩，其波长较短，容易在视觉上产生收缩效果，显得更纤细、更遥远，从而营造出紧凑、精致的印象。

这个奇妙的发现，为视觉艺术和设计提供了丰富的表达手段。通过巧妙地运用色彩的这种特性，艺术家和设计师可以在二维的画面上创造出具有三维感的作品，或是通过色彩的对比和搭配，调整空间的视觉效果，让某些元素显得更加突出或更加含蓄。

色彩的情感调性

色彩的华丽与质朴之感

色彩之美，在于它能够唤醒我们对于华丽与质朴的深刻感知。这种感知根植于色彩的基本要素，即明度、饱和度和色相，其中饱和度在决定一个色彩是华丽还是质朴方面起着至关重要的作用。

当色彩明亮而纯净时，尤其是那些对比度高的色调，展示出一种无法忽视的鲜艳与活力。这样的色彩，无论在哪里，都能成为焦点，引人注目。它们的华丽之处不仅仅在于其本身的饱和度，还在于它们能够在视觉上引发的强烈反响。反之，那些深沉而饱和度较低的色彩，像是一幅经过时间沉淀的古董画，透出岁月打磨后留下的沉稳光泽，在静谧和简约中透露出一种质朴的美感。

色彩的活跃与宁静之感

色彩不仅能影响我们的视觉感受，更能深切地触动我们的情感。暖色调如红、橙、黄，常常给人一种活跃、兴奋和热烈的感觉，充满激情。而冷色调如绿、蓝、紫，常常让人感到宁静、沉稳和深邃。灰色位于这两者之间，作为中性色彩，它平和而不带情感倾向。饱和度也与这种情感响应息息相关：鲜艳的高饱和度色彩容易激发兴奋情绪，而柔和的低饱和度色彩则更容易带来宁静的感觉。至于明度，高明度与高饱和度的组合常常传递出活力和兴奋之感，而低明度与低饱和度则传递出宁静和沉稳之感。

2.7
人与自然的共鸣

色彩，作为我们与这个世界沟通的桥梁，承载着丰富的视觉和情感体验。这种体验在四季 12 型色彩风格中得到了完美的体现，每一种风格都与自然界的四季节奏相呼应。春型人带有春天万物生长般的明亮与活力；夏型人则如同夏夜的微风，柔和且清新；秋型人的色彩沉稳深沉，宛如秋天的金色落叶；而冬型人则拥有如冬夜雪景般鲜明与对比度高的色彩。

光线，这一切色彩的来源，同时也是"道"的一种体现。温暖的阳光让我们感受到生命的活力与热情，而柔和的月光则赋予我们宁静与深邃。这些自然光的变化，正体现了道家哲学，展示了万物的双面性——阴与阳、光与暗、暖与冷。这些对立的元素在色彩的世界中和谐共存，展示了一种美妙的平衡与转换。

探索自然的光线、四季的更迭以及个人的色彩风格，我们实际上都是在遵循宇宙和自然界的法则。这一法则教导我们去发掘、去体验、去感知，不仅是去看见生活中的色彩，更是去感受生活的深度和广度。在这个过程中，我们学会了用一种更加深刻的视角来欣赏周围的世界，找到了与自然和宇宙共鸣的方式，并用一双发现美的眼睛，去感知生活、感知色彩。

CHAPTER THREE

034　　划时代的色彩理论

040　　四季 12 型分类公式

044　　三维度的深度剖析

051　　三维度的结合应用

第 3 章

深度剖析
色彩三维度

3.1
划时代的色彩理论

    色彩理论的奠基人卡洛尔·杰克逊在她的著作 *Colour Me Beautiful* 中提出了一个划时代的色彩理论，她认为，个人色彩的魅力和协调性主要依据两个维度：

■ **冷暖——皮肤、头发、瞳孔底色的冷或暖**

■ **明度——整体色彩的深或浅**

    根据杰克逊的理论，我们可以将个人色彩类型初步分为四个象限。如果某人的肤色属于暖色系，那么他就更适合春季或秋季的色彩；相反，冷色系肤色的人则更适合夏季和冬季的色彩。此外，基于发色和肤色的深浅，我们进一步将个人归类到春、夏、秋或冬。

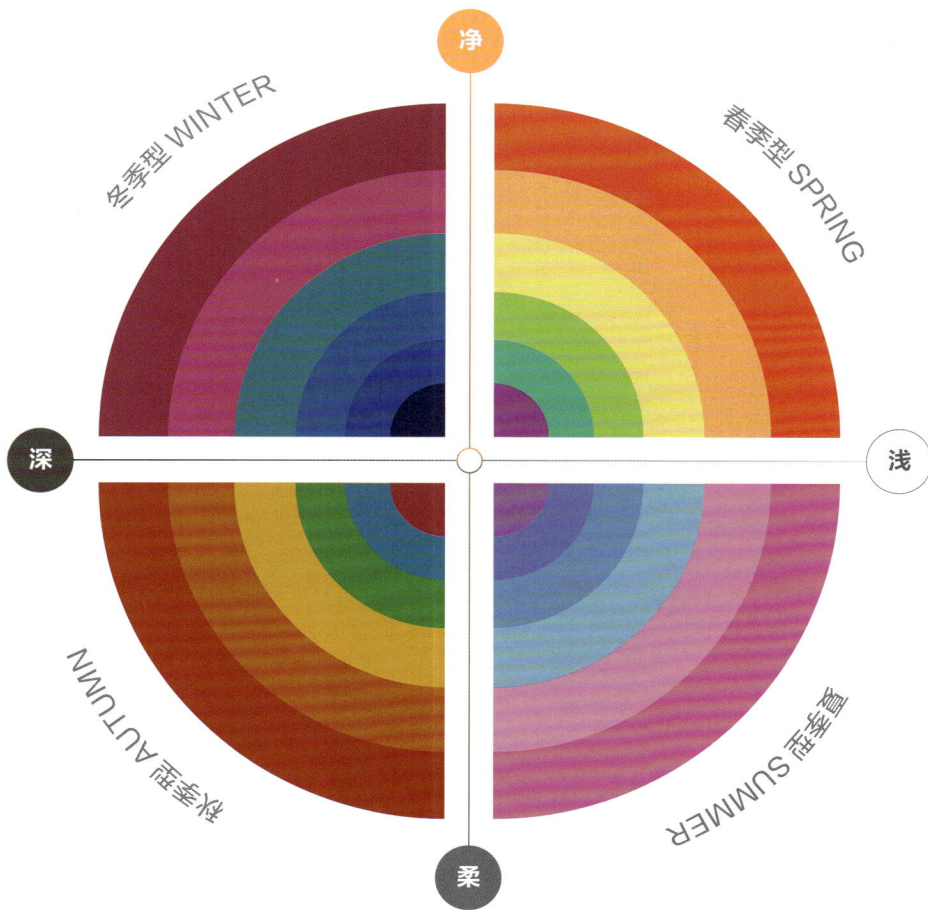

净

冬季型 WINTER

春季型 SPRING

深

浅

秋季型 AUTUMN

夏季型 SUMMER

柔

然而，随着对个体差异的深入了解，我们发现不是每个人都能完全契合这四大基本季型。有些人可能虽属于春季型，却发现春季的颜色对他们来说过于强烈，这暴露出一个问题：四季色彩理论虽然提供了一个良好的起点，但它忽略了第三个关键维度——饱和度 / 彩度。

例如，你是温暖而色彩轻盈的，春季的颜色对你来说过于强烈了怎么办呢？其实，很多人都并不能完美契合这四大类型（原始季型）。饱和度可以是高的，呈现出明亮清晰的色彩，也可以是低的，呈现出模糊柔和的色彩。这一维度的引入，让我们能够更准确地描述和对个人色彩分类，从而建立更为精细的四季 12 型（12 季型）色彩系统。

■ **高饱和度 = 明亮清晰**   ■ **低饱和度 = 模糊柔和**

仔细观察四季的色板，你会发现，春和冬属于高饱和度，色彩明亮清晰，而夏和秋则是低饱和度，色彩柔和含蓄。那么，三个维度共能分出六大类型。

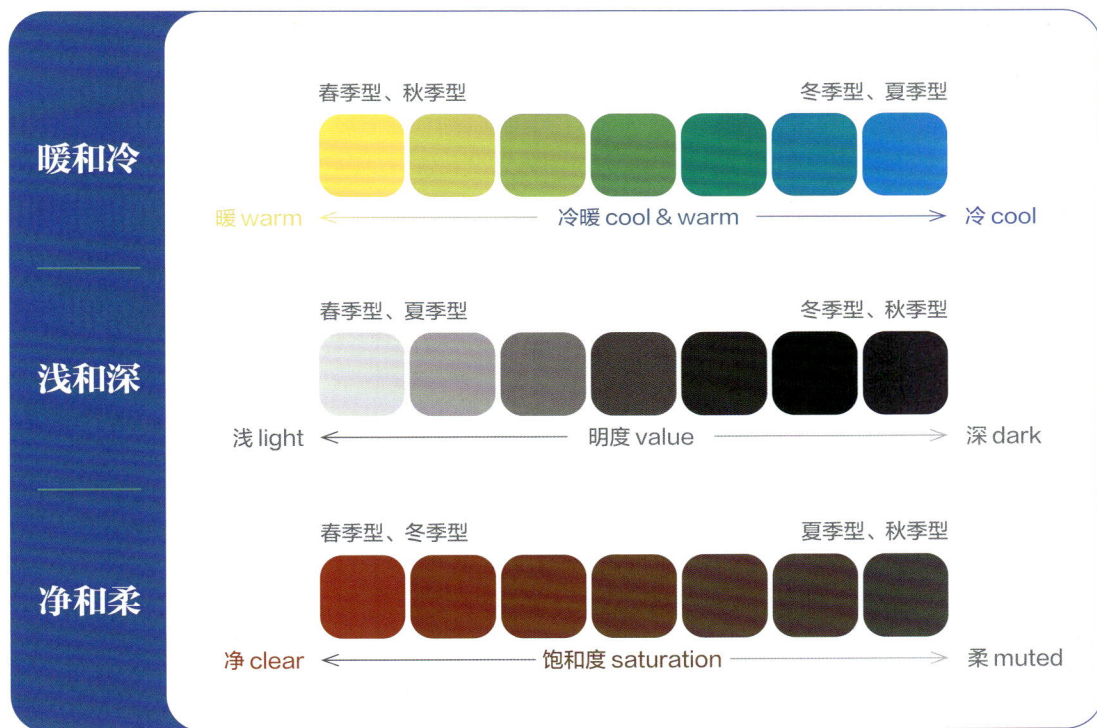

特别是在考虑东方人的色彩分类时，除饱和度因素之外，还引入了对比度这一关键因素。对比度涉及发色、瞳色与肤色之间的差异程度，这些差异影响了个人适合的色彩范围。例如，浅肤色搭配深色瞳孔通常为高对比度，而中等肤色配上亮且黑的头发则表现出中等对比度。除此之外，个人的五官立体度和量感也是考虑因素，这更进一步细化了对个人最适合的色彩类型的判断。

■ **大量感——接近"深"**   ■ **立体度高 / 对比度高——接近"净"**

■ **小量感——接近"浅"**   ■ **立体度低 / 对比度低——接近"柔"**

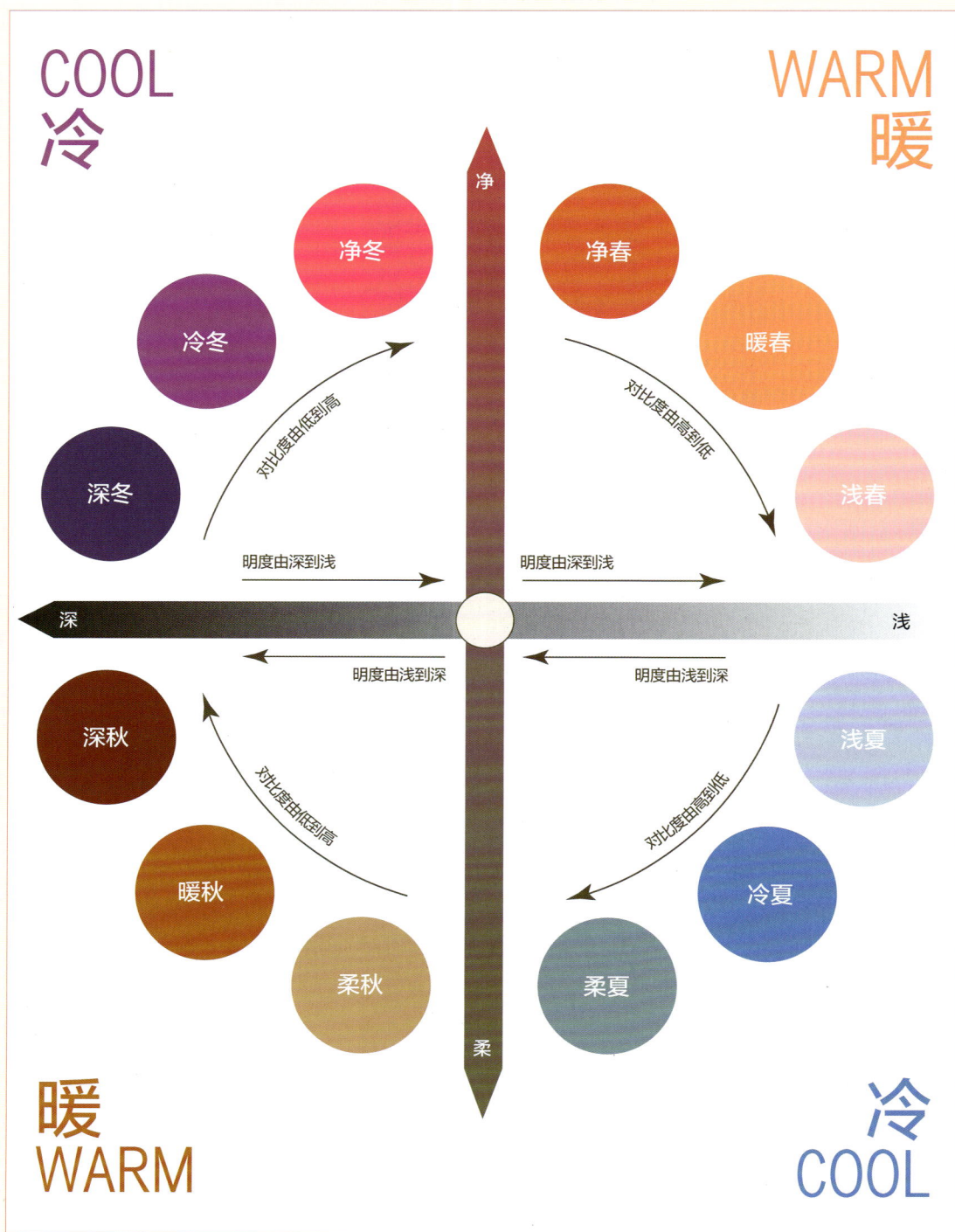

净

净冬　净春

冷冬　暖春

深冬　浅春

对比度由低到高　对比度由高到低

明度由深到浅　明度由深到浅

深　浅

明度由浅到深　明度由浅到深

深秋　浅夏

暖秋　冷夏

柔秋　柔夏

对比度由低到高　对比度由高到低

柔

COOL
冷

WARM
暖

暖
WARM

冷
COOL

四季12型色彩轮盘

SEASONS COLOUR FLOW CHART

12 季型色彩的分类不仅增加了色彩分类的维度，使得色彩分析更加个性化和精确，也为不同特质的个体提供了更为合适的色彩选择指南，于是我们可以用四季 12 型色彩轮盘图来更清晰地表示季型流动理论。

在传统的四季色彩分析框架中，每个人被明确归类为四大季型之一，每种季型都具有各自的特征，没有交集。随着对个人差异和色彩维度更深入的理解，四季 12 型色彩理论应运而生，产生了一个更为复杂和动态的视角，该理论不仅揭示了人们可能不会完全符合任何一种传统季型，而且通过引入第三个维度——饱和度，揭示了季节之间的重合与流动性。

具体来说，每个大季型不再是孤立的分类，而是各自包含了 3 个子季型，这反映了饱和度从低到高的变化。这种划分让色彩分析更加细致，能够捕捉到个人之间微妙的差异。例如，某些人可能介于两个季型之间，他们的色彩特征既包含了一种季型的特点，也包含了另一种季型的元素，如深秋季型既有秋季的温暖色调，也融入了冬季的高对比度，代表着从秋向冬过渡的自然变化。

此外，四季 12 型理论中的每个季型都有其在色彩象限中的具体位置（见四季 12 型色彩轮盘图），这与个人的肤色和发色的饱和度及深浅有直接关联。象限中的位置越高，表示肤色和发色的饱和度越高，位置越低，饱和度则越低。同时，象限的左右位置反映了发色和肤色的深浅度，越往左，色彩越深，越往右，则越浅。

- **越高——肤色和发色饱和度越高**
- **越低——肤色和发色饱和度越低**
- **越左——发色和肤色越深**
- **越右——发色和肤色越浅**

在观察人的自然色彩三要素时，需要感受他的第一和第二特征：冷或暖、深或浅、净或柔。第一特征是最显著、最抢眼的特质，也是第一印象中最直观的部分；第二特征则是除第一特征外，仍然明显且引人注目的特质。通过结合这两大特征，可以更准确地判断出具体的季型。

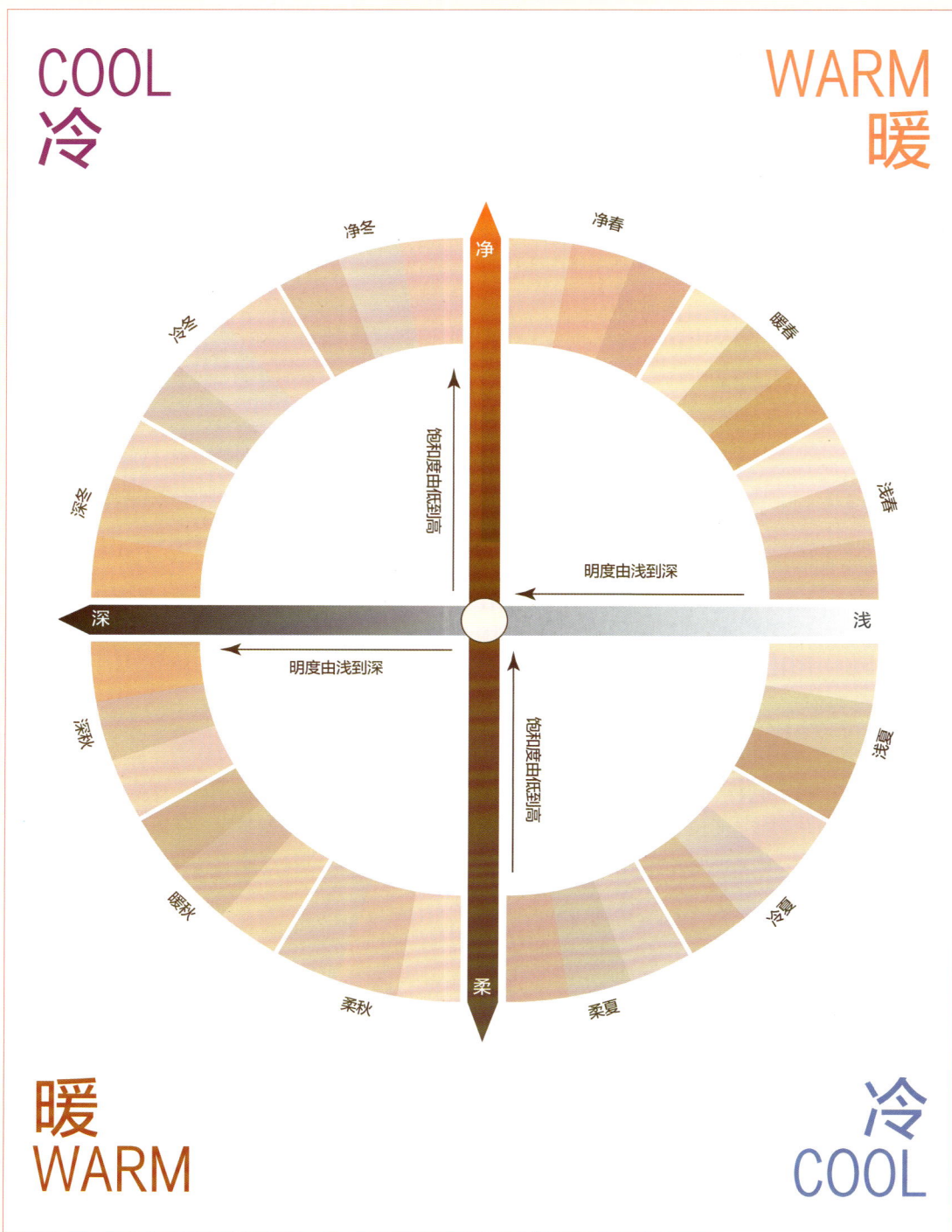

COOL 冷

WARM 暖

暖 WARM

冷 COOL

净冬　净春

深冬　暖春

深　浅春

深秋　浅夏

暖秋　柔夏

柔秋　柔夏

净

柔

深

浅

饱和度由低到高

明度由浅到深

四季12型肤色轮盘

SEASONS COLOUR FLOW CHART

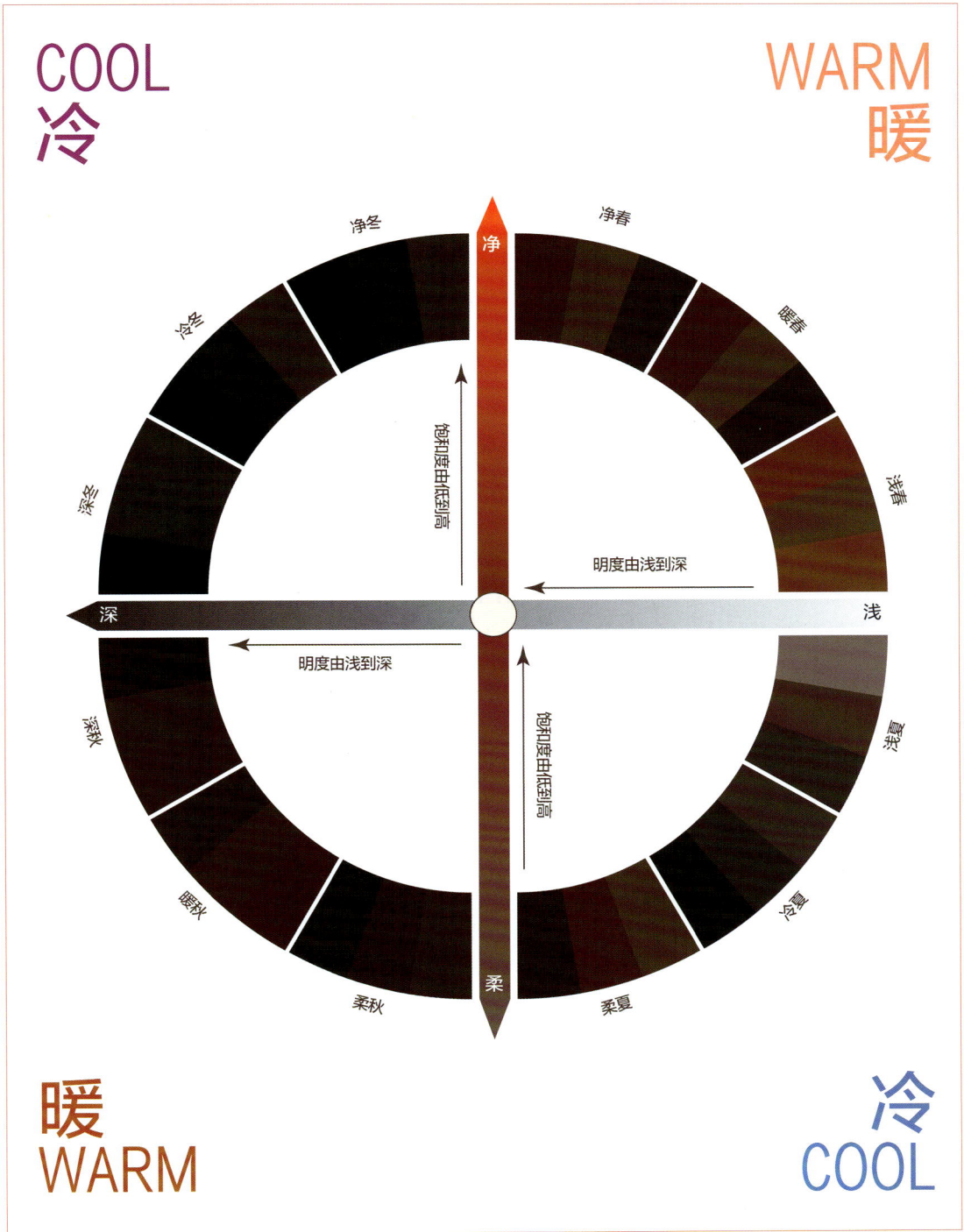

COOL
冷

WARM
暖

暖
WARM

冷
COOL

净冬

净春

冷冬

暖春

深冬

浅春

净

饱和度由低到高

明度由浅到深

深

浅

明度由浅到深

饱和度由低到高

深秋

浅夏

暖秋

夏冷

柔

柔秋

柔夏

四季12型发色轮盘

SEASONS COLOUR FLOW CHART

3.2
四季 12 型分类公式

净春	暖春	浅春
净 + 暖	**暖 + 净**	**浅 + 暖**
第一特征 + 第二特征	第一特征 + 第二特征	第一特征 + 第二特征

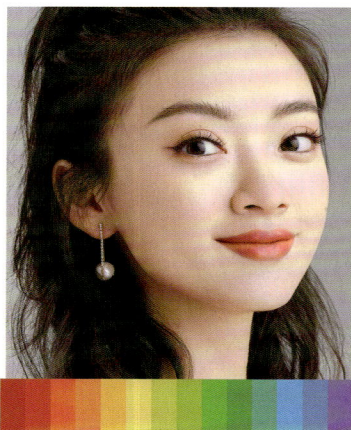

浅夏	冷夏	柔夏
浅 + 冷	**冷 + 柔**	**柔 + 冷**
第一特征 + 第二特征	第一特征 + 第二特征	第一特征 + 第二特征

柔秋

柔 + 暖
第一特征 + 第二特征

暖秋

暖 + 柔
第一特征 + 第二特征

深秋

深 + 暖
第一特征 + 第二特征

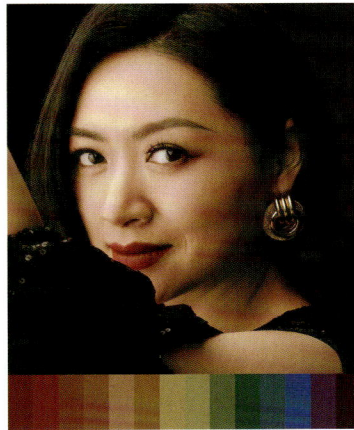

深冬

深 + 冷
第一特征 + 第二特征

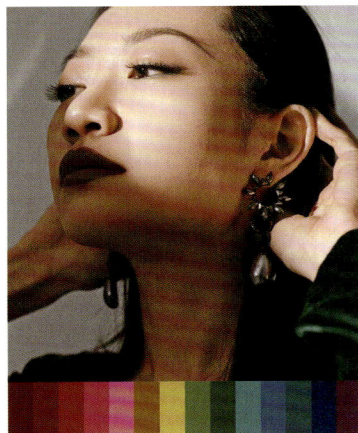

冷冬

冷 + 净
第一特征 + 第二特征

净冬

净 + 冷
第一特征 + 第二特征

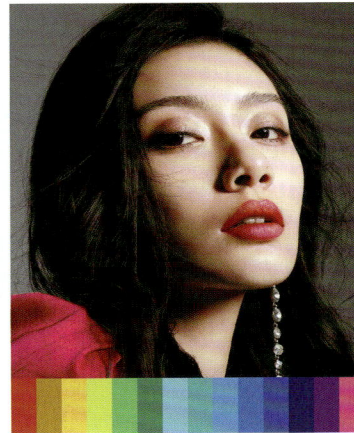

如何将颜色归类到相应季节

　　将色彩归类到对应的季节是一个细致且复杂的过程，它涉及对色相、明度和饱和度三个关键维度的深入理解。首先，通过区分色彩的基底——黄色代表暖色调、蓝色代表冷色调，我们可以初步将色彩划分为春秋（暖色系）和夏冬（冷色系）。

- 纯暖色，基底偏黄（没有蓝色）——归类在暖春或暖秋
- 纯冷色，基底偏蓝（没有黄色）——归类在冷夏或冷冬

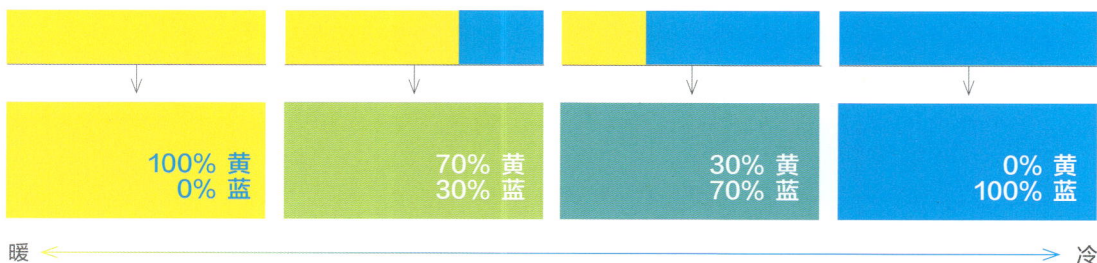

　　但是，真实世界中的大多数色彩并非纯净的暖色或冷色，而是包含了黄和蓝的不同比例。通过观察黄和蓝的比例，我们可以进一步细化色彩的冷暖属性。

　　如下图，偏冷的黄看起来更像黄绿，因为加入了蓝。偏暖的蓝看起来像蓝绿，因为加入了黄。那我们如何判断，一个冷色究竟属于冷夏还是冷冬呢？这就需要看"明度"和"饱和度"。

　　在观察色彩时，我们发现当黄色中加入蓝色，其结果是色彩看起来更加深沉；相反，当蓝色中掺入黄色，其色彩变得更为浅淡。在某些组合中，两种颜色混合后呈现出的色彩显得更为浑浊，这一现象归因于饱和度的下降。图示中清晰展示了这一点：纯粹的黄色和蓝色，其饱和度及明度均处于较高水平。而一旦这些颜色与其他色彩相混合，它们的饱和度和明度就会相应降低。通过这三个维度——色相（冷暖）、

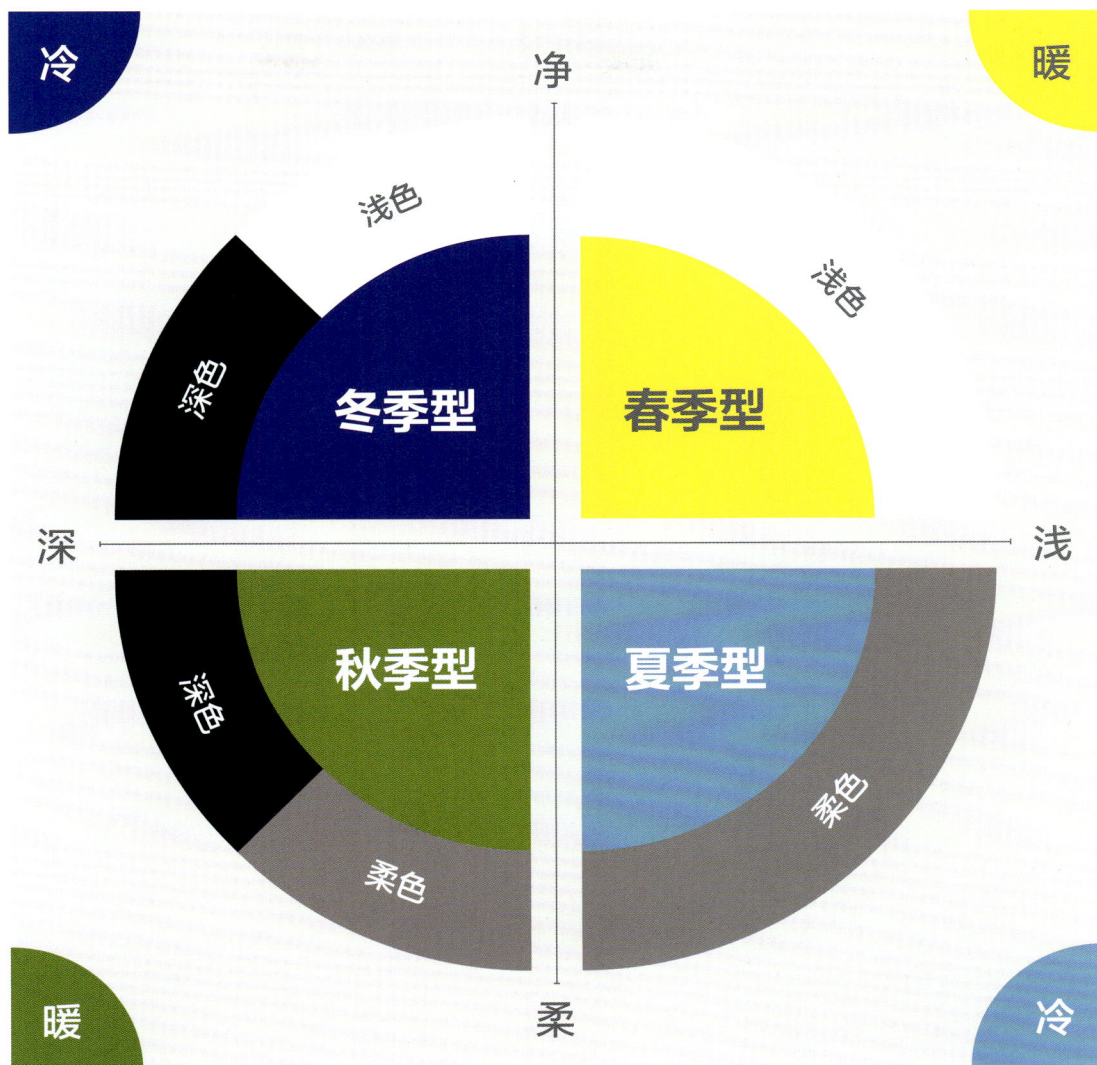

明度（亮暗）以及饱和度的分析和重新组合，我们能够构建出色彩季节理论的基础象限，为四季类型提供一个明确的框架。

　　通过观察色彩中黄色和蓝色的混合比例，以及考虑到明度和饱和度，我们可以更精准地将色彩归类到 12 季型中的具体季型。例如，夏季色彩分为浅夏、冷夏和柔夏，这反映了在冷色调基础上对明度和饱和度的不同组合。浅夏色彩拥有最浅的明度，冷夏色彩则以冷色调为主，而柔夏色彩则展现出最低的饱和度，看起来更为柔和。

| 浅夏型｜浅＋冷 | 冷夏型｜冷＋柔 | 柔夏型｜柔＋冷 |

3.3
三维度的深度剖析

肤色的色调

泛色与底色

■ 什么是泛色

在探讨皮肤颜色时，了解泛色和底色的概念至关重要。泛色（overtone）指的是皮肤表面可直接观察到的颜色，这些颜色由黑色素（呈现为黑色、蓝色或棕色）和胡萝卜素（表现为黄色、橙色或红色）共同构成。例如，一些橄榄肤色的人可能会认为自己的皮肤带有黄绿色调（泛色），但当使用暖色调的彩妆或服饰时，肤色反而显得更暗沉或泛灰，这实际上是因为其底色中含有较强的蓝色，使肤色整体偏冷。这就是泛色作用的直接体现。因此，我们也将泛色称为"视觉表现色彩"。

■ 什么是底色

而底色（undertone）则是指皮肤内层的颜色，它可以位于色环的任何一点，从冷色到暖色都有可能。所以我们真正的皮肤色彩属性公式是：

■ 底色 + 泛色 = 肤色

这个底色与泛色混合的概念可能不易理解，我们需要先搞懂，不同的底色与泛色相混合的时候，会出现什么样的肤色效果。如图，常见的三大色调都是由底色在色环上的不同位置决定的。

■ 黄——暖，红——中性，蓝——冷

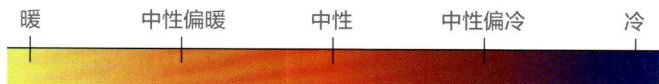

暖	中性偏暖	中性	中性偏冷	冷

我们可以这样理解肤色，每种肤色都是红、黄、蓝以各种比例混合在一起形成的，由此形成了不同的色彩视觉感受。底色指的是在肤色组成中占据主导的颜色，也就是指其色素配比的比例较多，而最终视觉上呈现的肤色，取决于其与其他更少比例的色彩如何混合。将视觉表现色彩和底色组成规律结合在一起的时候，就能得到右页这张清晰的肤色规律。

色彩的比例，就如冷暖之分，本质上是相对的。例如，当我们观察到某些肤色带有偏粉的色调时，这实际上是因为蓝色的成分相对较高。这种较高的蓝色成分让红色显得更加偏向冷调，并且当其与白色混合时，便展现出了偏粉的肤色。无论是在东方还是西方，红、黄、蓝作为色彩的基本组成，都构成了色调

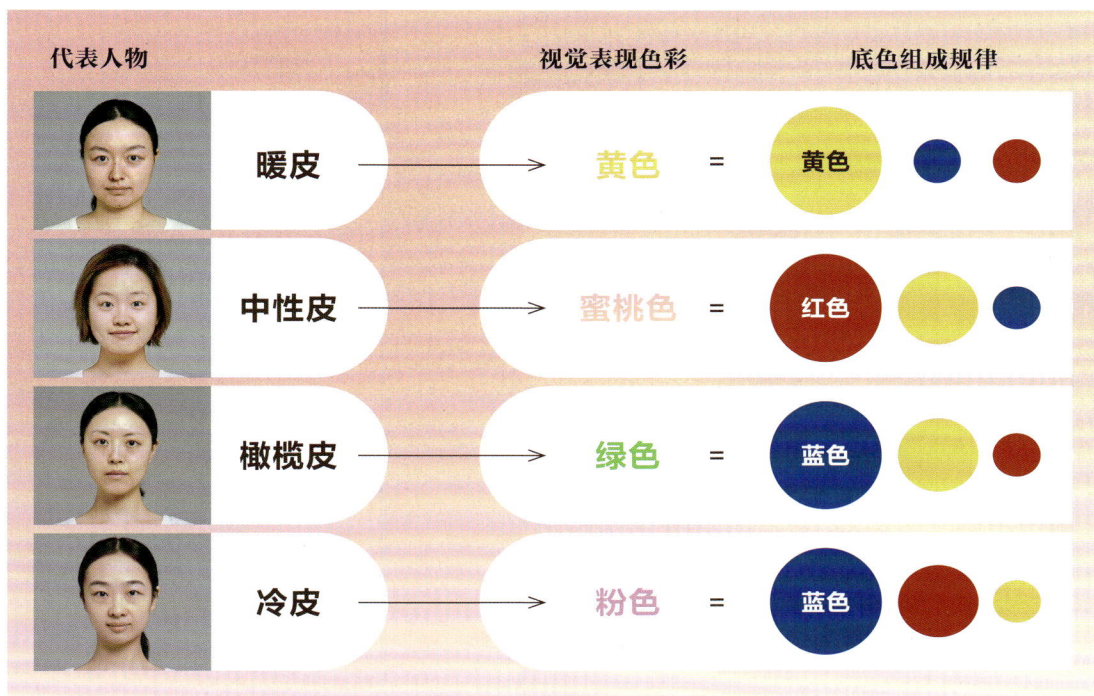

代表人物		视觉表现色彩		底色组成规律
	暖皮 →	黄色	=	黄色 + 蓝 + 红
	中性皮 →	蜜桃色	=	红色 + 黄 + 蓝
	橄榄皮 →	绿色	=	蓝色 + 黄 + 红
	冷皮 →	粉色	=	蓝色 + 红 + 黄

分析的核心逻辑。对于黄种人来说，这种分析是在整体黄色调的基础上，进一步对红、黄、蓝色调进行的比较和判断。

- **冷皮和中性皮相比，带蓝调多。**
- **中性皮和暖皮相比，带红调多。**
- **暖皮和冷皮、中性皮相比，带黄调多。**
- **橄榄皮也是蓝调多，它和冷皮最大的区别就是第二比例一个是黄，另一个是红。**

肤色坐标图

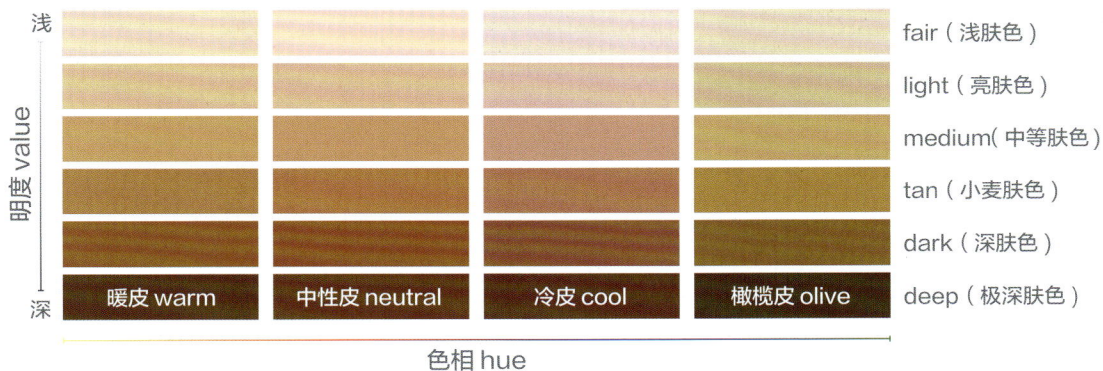

浅 ↑				fair（浅肤色）
				light（亮肤色）
明度 value				medium（中等肤色）
				tan（小麦肤色）
				dark（深肤色）
深 ↓	暖皮 warm	中性皮 neutral	冷皮 cool	橄榄皮 olive	deep（极深肤色）

色相 hue

通过分析肤色的底色和泛色，我们能更清晰地理解肤色的构成。如肤色坐标图所示，图中的四列分别代表了不同的肤色色调，左侧的暖色调肤色偏黄，中间的中性色调偏红，而右侧的冷色调肤色则偏蓝。

另一个概念是肤色的明度，这个相对好理解，也就是我们平时所说的肤色的深浅。例如，欧洲人往往拥有较为白皙的肤色，而非洲裔人士则普遍具有较深的肤色。基于这一特点，化妆品品牌通常会按照不同的肤色深浅来对粉底液进行分类，以适应不同用户的需求。常见的六大肤色分类包括：fair（浅肤色）、light（亮肤色）、medium（中等肤色）、tan（小麦肤色）、dark（深肤色）、deep（极深肤色）。在中国，大部分人的肤色主要集中在这六种肤色中的前三种，即从浅肤色到中等肤色。

色盘分类

根据肤色的色调理论，就能够将自然色彩按照冷暖色调去分类，以适应不同肤色的最优用色方案。

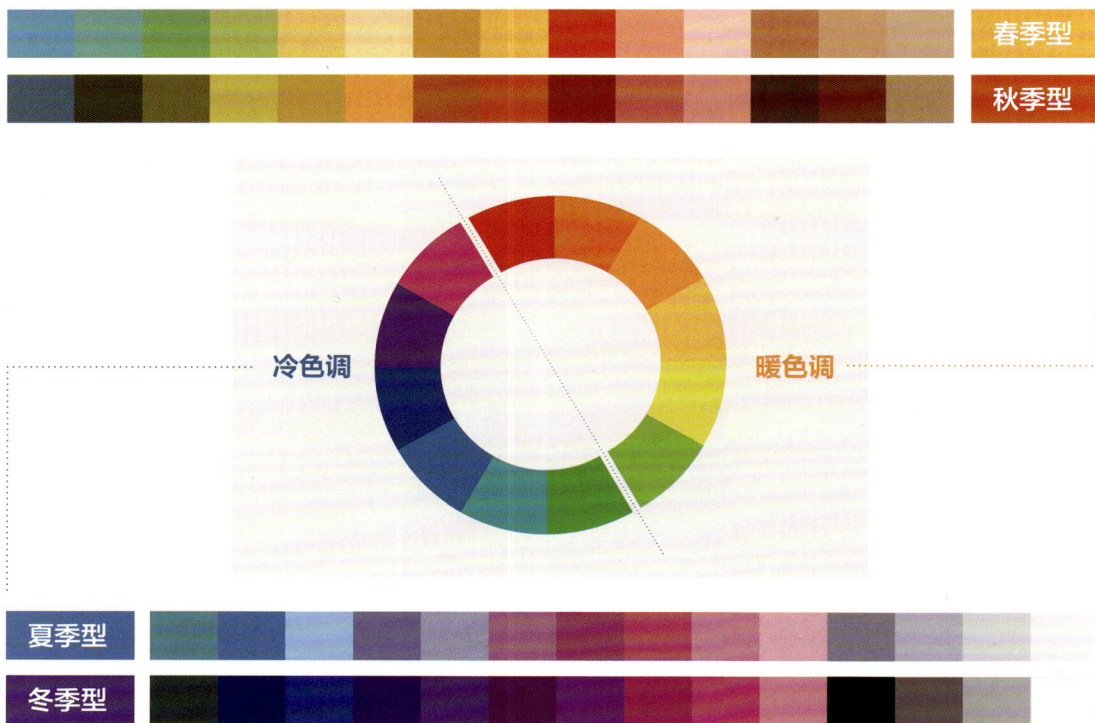

明度和对比度

明度

从色彩概念上来讲，明度指的是颜色的亮或暗，也就是在一个颜色中加白，它就会看起来更亮，加黑，它就会看起来更暗，在四季 12 型的基因色分析中，除了肤色以外，也要观察发色和瞳色的明度。

高明度 ←――――――― 中等明度 ―――――――→ 低明度

对比度

对比度指的是两个颜色的亮度层级的差异，差异越大，图像就会越"刺眼"，差异越小，图像就会越柔和。这也是在 12 季型中最不好理解的一个要素，我们需要从色彩的基础概念出发。

低对比度 ←――――――― 中对比度 ―――――――→ 高对比度

将两个颜色的饱和度调整到最低再进行对比。图中最右侧的黑和白就是高对比度，最左侧的两个中度的灰色，明度差异很小，属于低对比度。

低对比度 ←――――――― 中对比度 ―――――――→ 高对比度

如何确认你的明度和对比度

当把三原色的饱和度拉到最低时，可以很清晰地看出明度的区别，在色环中明度最高的颜色就是黄色，明度最低的颜色是蓝色，而红色（中性色）是中等明度。当我们要确认一个人的明度时，可以用同样的方法，把此人照片的饱和度调节到最低，然后观察整个面部和发色的明暗和对比度。

低明度 ←——————————— 中等明度 ———————————→ 高明度

在下页图示中，将模特按照不同的对比度区分，从低对比至高对比，由此可以清晰地看出，肤色越白皙，同时眼睛和发色越黑，对比度会越高。

饱和度

彩度、饱和度、净度、鲜艳度，指的是一个颜色看上去是清澈鲜艳，还是模糊柔和。在个人色彩中也是同样的意思，某个颜色饱和度高／鲜艳度高／净度高／彩度高，指的是它强烈、突出、鲜艳、浓烈，同时代表它灰度低。从调色原理来说，往一个颜色中加入灰色，就会降低其饱和度。

高饱和度 ←——————————————————————————→ 低饱和度

当我们已经确认了人的基因色彩中的前两个要素之后，再观察饱和度就简单一些了。依据四季象限的理论基础，我们将色彩三要素都体现在四季 12 型人物色彩图上，就更容易得出规律：

■ 如果你是春季型，基因色是暖和浅的——饱和度中偏高。

■ 如果你是夏季型，基因色是冷和浅的——饱和度中偏低。

■ 如果你是秋季型，基因色是暖和深的——饱和度中偏低。

■ 如果你是冬季型，基因色是冷和深的——饱和度中偏高。

| 肤色白 | 发色浅 |

低对比度

| 肤色白 | 发色深 |

高对比度

| 肤色白 | 发色中 |

中对比度

| 肤色中 | 发色深 |

中对比度

净

深　　　　　　　浅

柔

COOL
冷

WARM
暖

暖
WARM

冷
COOL

四季12型人物色彩图

SEASONS COLOUR FLOW CHART

3.4
三维度的结合应用

　　在进行季型分析和诊断时，核心在于结合三个维度：色相（冷或暖）、明度（浅或深）、饱和度（鲜艳或柔和），进行全面的判断和分类。这个过程首先依赖于观察者对个体的第一印象，即对象外观上最显著的特点。然而，观察过程中不可避免地会受到个人偏见的影响，因此，观察者需要具备批判性的观察力，通过广泛观察、深入分析和重复练习来磨炼自己的诊断技能。季型诊断并非简单地贴上标签，而是一个结合理论与实践，通过不断积累经验来提高精准度的过程。

　　汇总个人风格色彩的三个维度——色相（冷或暖）、明度（浅或深）、饱和度（鲜艳或柔和），我们可以提炼出六大核心特征，这六个特征共同构成了 12 季型的理论基础。这三个维度不仅是 12 季型分析的根本色彩框架，而且它们能揭示出 12 季型之间的逻辑演变和内在联系。通过深入理解这些维度，我们能够洞察 12 季型色彩系统的组织原理和分类逻辑，为个性化色彩分析提供坚实的理论支持。

	第一特征	外观	对比度	避免
暖型人	暖	几乎看不出冷色调，皮肤的底色是偏黄、偏金的	中等	使用冷色，看起来会有冲突感，没有气色
冷型人	冷	几乎看不出暖色调，皮肤的底色是偏蓝或灰蓝的	中高	使用暖色，看起来会偏暗黄和像生病
浅型人	浅 / 白	明度高，东方人主要体现在皮肤白和发色浅	中低	使用深色，会让人有灰暗感和压迫感
深型人	深	明度低，东方人主要体现在皮肤深或发色深	中等	使用太浅或太清淡的颜色
净型人	亮 / 清晰	五官分明，色彩明艳，自带光感	高	使用饱和度低的色彩，如莫兰迪色，会有灰暗感
柔型人	柔雾感	饱和度、对比度低，皮肤和头发都带有朦胧的雾感	低	使用高饱和度色彩，会有违和感

CHAPTER FOUR

054　　净春——艳丽迷人的百变天后

074　　暖春——轻盈水嫩的灵动少女

094　　浅春——清淡柔和的邻家妹妹

114　　浅夏——晶莹剔透的纯欲美人

134　　冷夏——素雅飘逸的仙女姐姐

154　　柔夏——纤柔慵懒的骨感仙女

174　　柔秋——优雅柔美的氛围千金

194　　暖秋——华贵典雅的贵妇姐姐

214　　深秋——大气奢华的气势女神

234　　深冬——高贵飒爽的红毯女王

256　　冷冬——高冷干练的霸气高管

276　　净冬——美艳明丽的浓颜女主

第 4 章

四季 12 型
全面解析

4.1
净春——艳丽迷人的百变天后

净春型的季节印象

随着春风的柔抚，大地渐渐从沉睡中苏醒，嫩绿的草地和树叶为它披上了一袭新装，春天的每一个角落都散发着生命的蓬勃力量。净春的色彩，正是这般春意盎然，使这个生机勃勃的季节更加纯净、生动、绚丽。

净春人的整体形象，就如新鲜水果般引人注目。他们的五官主要呈暖色调，充满了生机与活力。他们的色彩体系清新明亮，每个颜色都鲜明、清晰且大胆，没有模糊或陈旧的颜色。这种明亮的色调，仿佛是大自然在寒冷的冬天之后，为大地绘制的五彩斑斓的春之印象。

当我们提及净春人，脑海中便会浮现出一幅充满异国情调的画面：金黄的阳光洒在细腻的沙滩上，碧绿的海浪轻轻拍打着，连带那色彩斑斓的热带水果和盛开的鲜花都仿佛在跳动。他们身上散发的气质，犹如春日的温暖阳光，照亮了每一个角落，带给人们无尽的温暖与希望。

净春型的色彩，像是大自然的绝美赠礼，其中包括热带水域的深邃蓝，雨林中的翠绿，鸟羽上的艳红，还有果园中在阳光下闪闪发光的金黄。这些色彩，既明亮又饱和，仿佛大自然的精心之作，充满了故事和情感。与净春人在一起，四周都是春天的气息，充满了温暖、鲜活和绚烂。

净春人的色彩印象

净春是充满活力且温暖的季型，代表着春季与冬季的完美结合，它同时具有春天的浪漫甜美与冬天的高对比度。在四季 12 型色彩轮盘中，净春是三个春天季型中的一个，介于净冬和暖春之间。虽然净春与净冬都是冬和春的交汇，带有相似的姐妹季节特点，但两者却有着显著的差异，净冬更偏冷，而净春则更为温暖和丰富。

净春的色板如同一场视觉的盛宴，热烈而灿烂，明媚而鲜艳。这些野性的颜色充满了活力，其饱满的程度只有净冬可以与之匹敌。净春型的人仿佛是艳丽迷人的百变天后，具有极强的色彩驾驭能力，无论是温暖的春天色板还是寒冷的冬天色板，都能完美地融合与演绎。

BRIGHT SPRING

净 + 暖
clear & warm

净 BRIGHT
暖 WARM
春 SPRING
浅 LIGHT

Bright Spring

净春型的基因色彩特征

1. 肤色

净春人的肤色往往偏向中性白或暖白，既纯净又明亮。他们可以自如地驾驭金色和银色，相较之下金色往往更为适合。净春的显著特征是色彩的鲜艳明亮与高对比度。

然而，这里需要注意，东西方在对此的判断上存在差异。一些皮肤较深的西方人群也可能归为净春型，因为他们极深的肤色与眼白、牙齿之间的对比十分显著。但对于东方人，尤其是中国人来说，要达到这样的对比度是相对困难的。我们的基因使得大多数人拥有深色的头发，要达到显著的对比度，往往需要皮肤较为白皙，因此，在中国，净春型的人通常都是暖调或中性肤色（如瓷白色、浅蜜桃色、中性小麦色）。

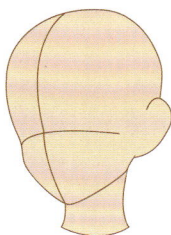 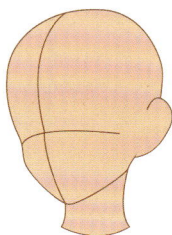 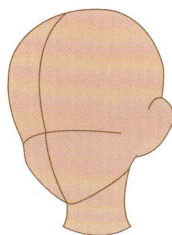

瓷白色　　　　　　　浅蜜桃色　　　　　　中性小麦色

2. 眼睛

净春人的眼睛是通透的、色彩鲜明的，像是春日里的天空或明亮的湖泊。其瞳孔颜色浓郁，呈现深栗棕色或黑棕色，有透光感，眼睛发亮，眼白干净清澈。

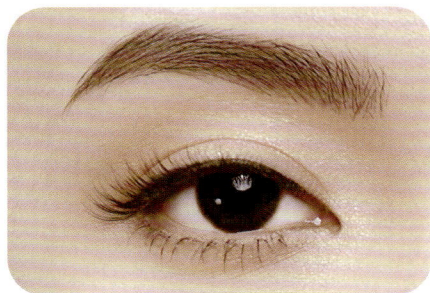 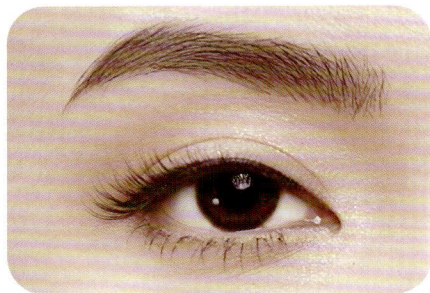

黑棕色瞳孔　　　　　　　　　　　　深栗棕色瞳孔

3. 发色

净春人拥有自然而独特的发色，从赤褐色、暗金色到中褐色，都为其肤色赋予了一个和谐又协调的背景。而其厚重且充满光泽的发质更是为这些色调增添了一种深度和丰富的层次感。

赤褐色	暗金色	中褐色

4. 对比度

　　净春型处在四季 12 型色彩轮盘图的最顶端，也就是饱和度最高的位置，这同时也代表净春型是 12 个季型中对比度较高的类型。净春人五官清晰分明，黑发雪肤，在轮廓与色彩上都形成了很显著的视觉效果，这就是高对比度。

高对比度　◄──────────────── 中对比度 ────────────────►　低对比度

净春　　　　　　　　冷夏　　　　　　　　柔秋

净春型的用色规律

净春的完整色板

　　净春融合了"净"与"暖"的双重魅力，不仅高度饱和、清晰度极高，更蕴含春季独特的鲜明对比。其色板色彩明亮，强烈而又充满生机，既传达出春季的轻快感，又洋溢着浪漫的清新氛围，宛如初春时节，生机盎然。整体色板色彩斑斓，其中明艳的桃红、鲜嫩的绿和温暖的橘色系尤为出挑，值得重点运用。

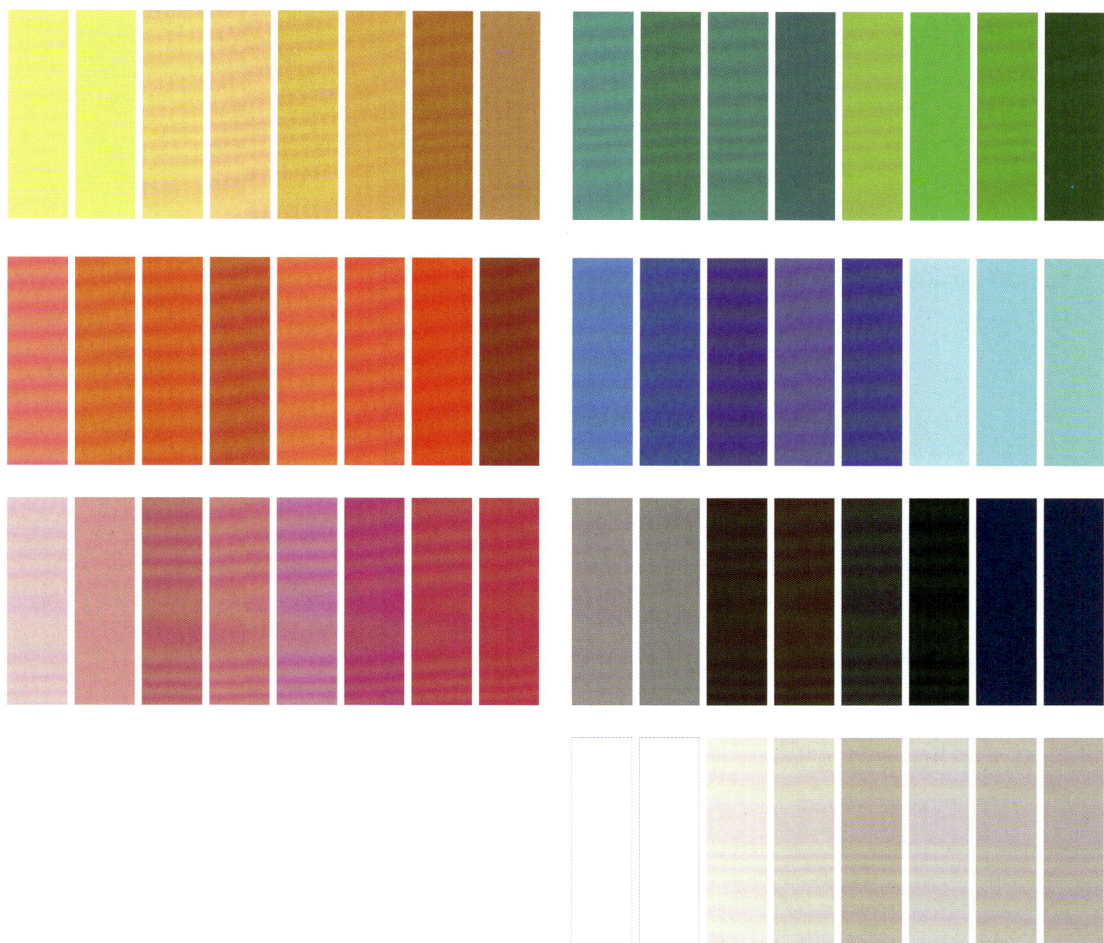

净春的色彩三维度

1. 色调解析

暖色调作为净春的显著特色之一，使得整体色泽偏向暖意，但并不极端。从色彩结构来看，其基底色彩中黄色的成分明显多于蓝色。因此，当挑选蓝色时，应选择内含微妙黄色调的暖蓝色。

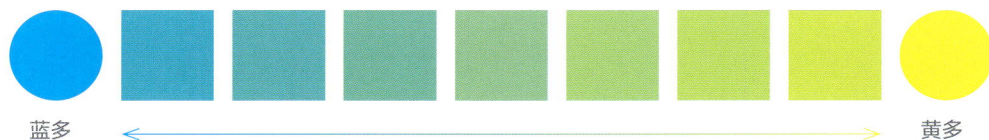

蓝多 ← ——————————————————————————→ 黄多

如何识别颜色的冷暖呢？这取决于蓝和黄的比例。如上图，当黄的比例比蓝多，绿色会相对更暖，当蓝的比例比黄多，绿色会相对更冷。

净冬型　　　　净春型　　　　暖春型

更冷更深 ←——————————————————————→ 更暖更柔

2. 明度解析

净春的色板涵盖了从浅至深的多种色调，但并不涉及极浅和极深的范畴。尽管其包含了某些深如海蓝、森林绿或王室紫的色彩，但这些只是作为点缀之用。绝大多数适宜净春的颜色都呈现中等偏暖的明度。这得益于它们所包含的丰富黄色成分，这些色调通常都微微偏向亮度较高的方向。

3. 饱和度解析

净春型的色彩具有高饱和度，显得明亮且充满活力。在色彩的强烈程度上，只有净冬型的色彩搭配可以与之匹敌，也就是净春型的姐妹季型。

净春的姐妹色板

净春位于四季 12 型色彩轮盘中的净冬和暖春之间，这个季型处于春天家族靠冬天的一侧，因此，其颜色比暖春更鲜艳、更饱和且不那么暖。

与净冬相比，净春的颜色同样鲜亮，但更暖，明度也稍高一点。冬天对净春的影响，是将春天本身鲜艳的颜色饱和度提升到最高，并把色相从暖的一侧往冷的方向带动了一点。例如，暖春的红色带有明显的橘色调，而净春的红色则更靠近中性的正红。

暖桃红　紫红色

叶绿色

净冬

珊瑚橘　青草绿

海蓝色

暖春

作为净春的姐妹色板，净冬和暖春分别与净春共享了鲜艳和温暖的特质。根据净春型中的色彩三维度特征和本身的色彩倾向，可以从姐妹色板中借用相近的颜色。

如果你更倾向于净冬的配色，可以选择净冬色板中的相对暖一点的色调，如暖桃红、紫红或叶绿色。如果你更偏向暖春，就可选暖春色板上较明亮的颜色，如珊瑚橘、海蓝或青草绿。

净春的中性色板

因为净春延续自冬季，所以黑色仍旧在其色彩中占有一席之地。然而，净春的黑色带有一丝暖调，似木炭般的深灰，或是轻微带绿的黑。与净冬清冷的黑相比，这些色调显得更为温润。

对于净春来说，纯黑并不是首选，若确需使用黑色，最好与大片的、更为温暖且饱满的鲜艳色彩相搭配。同样地，柔和的白、微带黄调的米白以及柔美的米灰都可以被视为净春的中性色。与此相比，冬季的白色则显得更为冷酷、更具穿透力，不是首选。

净春要避免的颜色

净春的最大特征是"净"和"暖"，要避免的颜色就是和这两个特征完全相反的颜色，也就是"柔"和"冷"，就像灰蓝色、灰棕色、藕荷色，这些都会削弱净春人的亮度，让人看起来变浑浊。与此同时，冷色调与净春的暖特性相搭配时，容易产生视觉上的不和谐感。

净春的配色

净春人本身拥有高对比度的特质，因此在服装与化妆的搭配上，也应强调高对比和高饱和的原则。例如，可以选择低明度与中高明度，或中明度与高明度的色彩组合，从而打造出醒目的对比效果。在同一色系的搭配中，如蓝色，结合高明度的蓝与低明度的蓝，这种策略称为"明度差"。

然而，对于净春人来说，单纯的明暗对比搭配有时显得不够丰富。除了明暗对比，还需融入色调的对比。有时，采用更引人注目的颜色更为恰当，特别是采用互补色搭配法。这种方法是采用色轮上相对立的两种颜色，如红色与绿色，但在饱和度上可进行适当的调整。

另外，中性色与鲜艳明亮色彩的结合也是一个好选择，如深中性色搭配浅而鲜艳的强调色，或浅中性色搭配深而鲜艳的强调色。这样的组合确保了色彩间的对比度。记住，至少要有一种色彩足够鲜艳。尽量避免完全使用中性色、单一色调或完全低对比度色的搭配。

1. 明度差

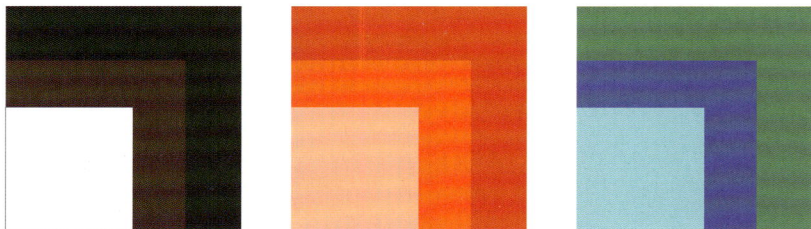

2. 明暗对比 + 互补色

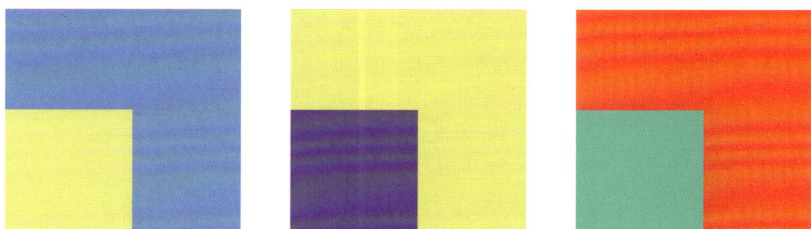

3. 中性色 + 高饱和强调色

净春与净冬的比较

这两个季型最大的差别是冷暖色调。净冬是冬天里最有女人味、最美艳的类型，净春是春季里对比最分明、最华丽的类型，这两个季型的人肤色都非常白皙（东方人的高对比度），但净冬为冷皮（中性偏冷），净春为暖皮（中性偏暖），所以服装和妆容上的用色还是有差异的。

从整体风格气质上来说，与净冬更加凛冽和清冷的特点相比，净春带有黄色基底的暖调，"强烈感"不会那么明显，多了一些妖媚感。

净春型

净冬型

净春型的造型风格

　　净春巧妙地融合了春季的细腻甜美与冬季的端庄雍容，如同初春的阳光轻轻覆盖在冰雪之上，既温暖又充满尊贵。在 12 季型中，净春型的人具有最为鲜明的对比度和清晰度，他们的美如同星辰般灿烂，美艳中带有一抹夺目，生来就是舞台的焦点。

　　净春人的风格变化万千，既能尽显婉约的女人味，又可随时散发出性感、年轻和活力四射的魅力。净春型的人对色彩有一种近乎天赋的敏感度和驾驭力，他们的五官仿佛是高清画布，细致入微，为浓郁的妆容创造了无与伦比的基底。无论是典雅的欧美妆，还是浓郁的睫毛与芭比大眼妆，其都能轻松驾驭。但灰暗的色彩与净春人格格不入，会让人显得过于黯淡。

　　净春人的造型可以无畏地夸张，这会让其仿佛动漫中走出的角色。长长的"电眼"睫毛、五光十色的假发，甚至夸张而闪亮的饰品，都能被净春人完美呈现。整体造型要点是：色彩要够鲜艳，口红要显色，睫毛要纤长且浓密。不过切记，要避免那些平庸、寡淡、朴实或过于商务的风格，因为那些与净春人的自然风格不相符。

净春人的妆发造型

净春人的发型

净春人对于发色的选择范围相当广泛。他们可以自如地在深色与浅色之间转换，挑染和彩色小发辫能为他们增添更多的时尚感。此外，净春人尝试 cosplay 风格的发型也能呈现出一种独特的魅力。

在发型设计上，净春人更适合线条清晰、造型简洁的风格。无论是流畅的长直发、光泽照人的大波浪、红毯级的大背头，还是整齐帅气的盘发，都能彰显他们的个性。然而，他们并不适宜那些带有过多烦琐细节的发型，或是散落在脸上的细碎发丝，这些容易让他们看起来过于繁复、缺乏焦点。

净春人的染发建议

净春人充满了活力和魅力，犹如春日初阳照耀在银白的雪地上，兼具了春天的温暖和冬天的雍容。在染发上，净春人的选择应与他们的整体气质相协调，发挥其特有的明亮和饱和的特点。

卡尼尔 4.3 奶茶棕	WELLA 5B 榛果黑棕	欧莱雅 4.0 自然棕色	欧莱雅 3.0 自然深棕黑

色彩选择

净春人适合的发色范围广泛。可以选择深色，如黑色、深棕、红棕，如果想尝试浅金色或彩度高的颜色，可以采用挑染。对于东方人来说，净春人最大的特色就是发色和肤色的高对比度，所以其发色还是更适合深色系。

颜色细节

避免选择过于灰暗和低饱和度的颜色，因为这可能会与净春人的整体气质产生冲突。

净春人化妆建议与指导

　　净春人的特质为其提供了一个绝佳的条件，让他们能够展现多种风格并融合鲜艳与高对比的特点，但要注意避免使用灰暗或过于柔和的色彩。在化妆时，最适合的妆容就是强调出轮廓和整体五官的形态，刻画得越清晰越好，这样才能衬托净春人本身高清明艳的样貌。

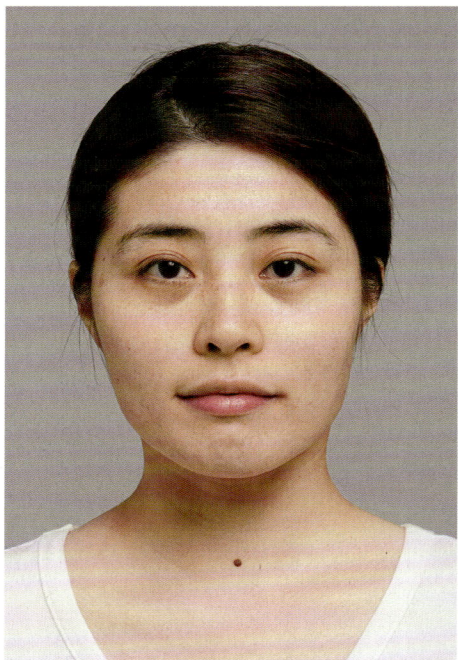

素颜 ▲

正确妆容 ▶

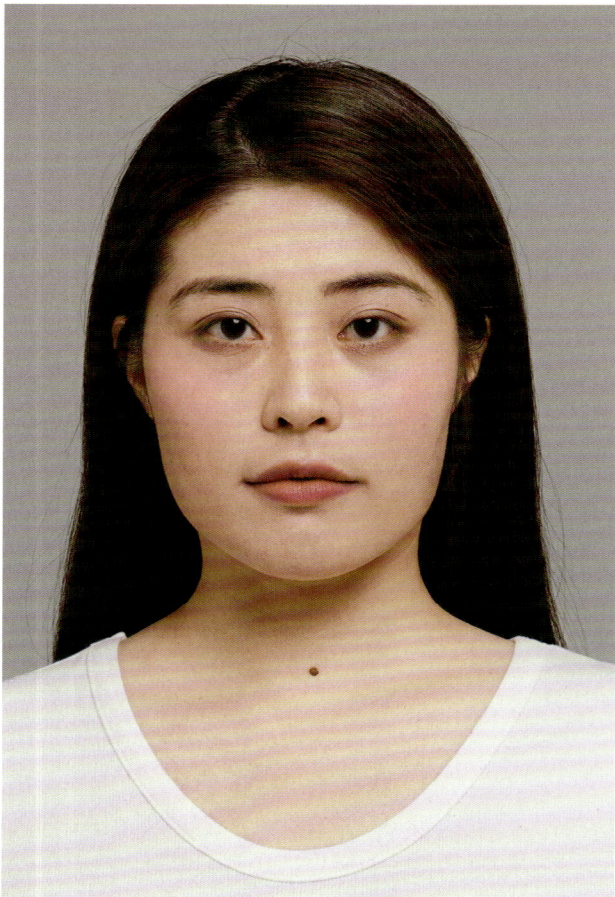

错误妆容 ▶

净春人的眼影

净春人拥有出众的色彩驾驭能力，这使其在眼妆上能够展现丰富多彩的风格。欧美妆、浓密的睫毛、芭比大眼妆他们都可以轻松驾驭。除了经典的中性棕色，他们更可尝试鲜艳的眼影色彩，如宝石蓝或孔雀绿，并巧妙融入金属光泽。还可以大胆使用"电眼"睫毛和夸张的眼线，以增强眼部的对比度和魅力。

不过，需要注意避免采用灰暗的眼影和大面积的模糊晕染，因为这可能导致妆容显得不够干净。在整体化妆风格上，净春人应追求"重形不重色"的原则，务必突出清晰的五官特点。

眼影选色

红棕色	紫红色	宝石蓝
梅紫色	浅暖粉	桃红色
孔雀绿	柠檬绿	珊瑚橘

眼影推荐

NARS
Ignited

PAT McGRATH
Divine Rose

Natasha Denona
Coral

Marc Jacobs
Fantascene

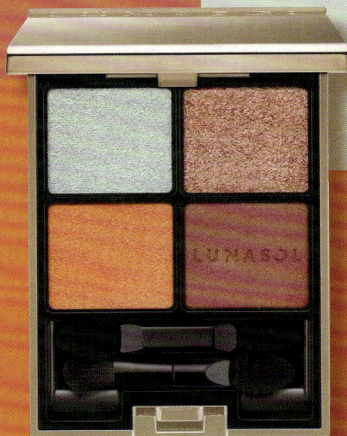

Lunasol
01 Twilight

净春人的腮红

净春人的独特气质要求腮红选择也需充满活力与温暖感，珊瑚色调或桃红色调就是最佳选择，这些色调不仅能衬托其天生的鲜艳，更能让整体妆容更加生动立体。

腮红选色

浅三文鱼色	柔粉色	桃红色
柿子色	浅树莓粉	奶粉色
釉陶红	蜜橘粉	极光粉
暖珊瑚	珊瑚粉	桑葚粉
深珊瑚	番石榴色	浅玫红

腮红推荐

花知晓
相见欢

SUQQU
01 Fresh Pink

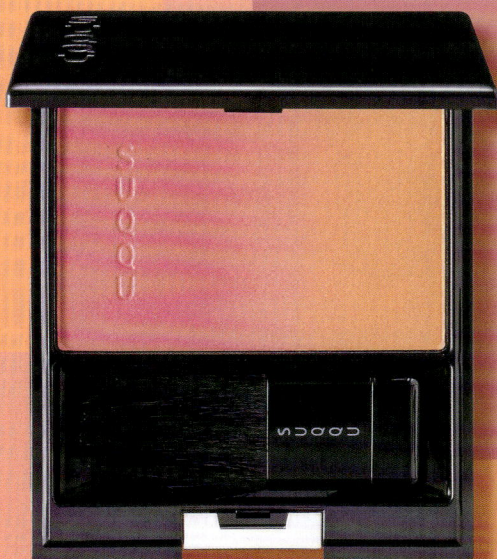

Dior
361

植村秀
M345

净春人的口红

　　为了展现净春人天生的鲜艳气质，推荐选择充满活力的口红色调，如饱和度高的暖红色、橙色、粉色和荧光色等色系。

　　增添魅力的小技巧：在唇中央轻轻涂上一抹具有水亮感的唇彩，以增强对比和立体感。净春人有超凡的口红色彩驾驭能力，特别适合反光质地、果冻唇、玻璃唇以及缎光感。但需避免暗淡的豆沙色和完全无光泽的哑光色彩。

口红选色

柿子色	釉陶色	粉珊瑚	蜜桃粉
霞光橘	绯红色	暗粉红	桃红色
桑葚粉	浅玫红	暖粉色	番茄红
孔雀粉	树莓粉	紫红色	

口红推荐

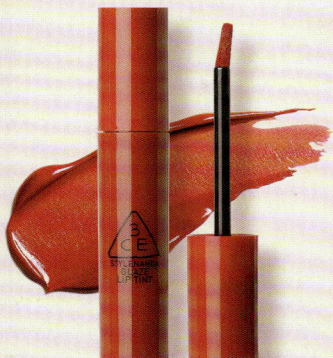

3CE
Break Me

YSL
613

Dior
999

Giorgio Armani
400

4.2
暖春——轻盈水嫩的灵动少女

暖春型的季节印象

暖春是春季的原始季节，介于净春和浅春之间。暖春的色板就像一套色彩鲜艳的彩色铅笔，暖调、鲜艳、明亮、清晰、饱和度高。暖春适合一切鲜嫩的、奶乎乎的色彩，尤其是明黄、桃红、芽绿，充满生机。

当我们提到春天，首先浮现在脑海中的是绽放的花朵、翠绿的叶子和充满活力的生命。而暖春型人恰好将这些元素体现在自身的气质中。其不仅是正统的春季色彩代表，更是中国女性中的主流色彩类型，就像春天的初阳，散发出既明亮又温暖的光芒。

暖春人的气质中有一种令人无法抗拒的少女感。其笑容犹如春天的阳光，甜美又治愈人心，温暖到每一个角落，瞬间驱散所有的阴霾。暖春人的皮肤多呈现出一种自然的偏黄色调，这使其更容易搭配各种鲜嫩的色彩。无论是桃红、嫩绿还是明亮的黄色，都能与其肤色完美地融合。

在穿着上，暖春型人有着广泛的选择。从整体气质上来说，暖春人是清甜可人的百花仙子，既可以选择公主风，展现出高贵又不失纯真的一面；也可以选择田园风，展示出那份与大自然和谐共生的气质；而名媛风则能突显出暖春人的优雅与大方。

暖春人的色彩印象

暖春处于春季型的中心位置，是正统春季型。它融汇了浅春的娇嫩和净春的饱满，绽放出春天特有的明亮与温暖。在四季 12 型色彩轮盘中，暖春正好位于浅春和净春之间，成为三个春季型中的一个完美过渡。虽然浅春、暖春和净春都是春季的代表，每一个都带有春日的气息，但它们在色调和气质上各有千秋。浅春更偏向清新与柔和，净春则带有一份鲜明的对比。而暖春，则恰到好处地结合了这两者，既有浅春的纯净，又不失净春的浓郁。这使得暖春型的色彩既活泼又温馨，仿佛春天的正午阳光，明媚又不刺眼。

暖春的色彩让人联想起春日照耀大地的阳光、清澈碧蓝的海水、热带岛屿水域、细软的金黄沙滩、茂盛的绿叶与五彩斑斓的水果。暖春代表了四季色彩中春天的最纯粹之美，其色彩如初春的阳光，温暖、明亮、轻快、活泼并且充满生机。

暖春适用的每一种颜色都明确地带有黄色的基调，丝毫不受冷色调的影响。它的色彩既温暖又清新，好似整个世界都在享受温暖的春日阳光的抚慰。暖春的色彩特质，基本可以用"暖"与"亮"两个字来完美概括，整体配色是充满活力和阳光的。

WARM SPRING

暖＋净

warm & clear

净 BRIGHT
暖 WARM
春 SPRING
浅 LIGHT

Warm
Spring

暖春型的基因色彩特征

1. 肤色

暖春人的肤色就像一直沐浴在初春阳光之下，散发出温暖的"黄"与"金"底色。这样的底色与金色饰品能完美融合，使暖春人的肤色看起来仿佛融入了健康的日光，闪烁出自然的光泽；而银色饰品就不太适合暖春人了，容易显得肤色浑浊暗沉。从白皙到中等肤色，暖春人肤色的色调都给人以温暖的印象，这就是大家常提及的"暖白皮"。暖春人的肌肤似乎自带水分，质感清透滋润，即使素颜，也保持着自然的透亮光泽。

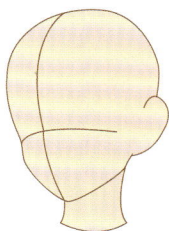 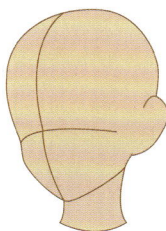 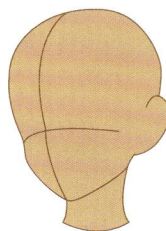 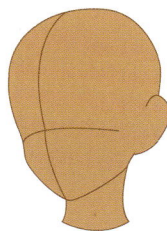

亮白色　　　　亮肤色　　　　自然色　　　　小麦色

2. 眼睛

暖春人的眼眸颜色通常呈现中到浅的明亮色调，有透明的琥珀色、深邃的巧克力棕，以及温暖的棕色。在其眼眸与清澈的眼白之间，形成了中到高的对比度，让眼睛看起来更生动鲜明，完全没有一丝的雾感。

 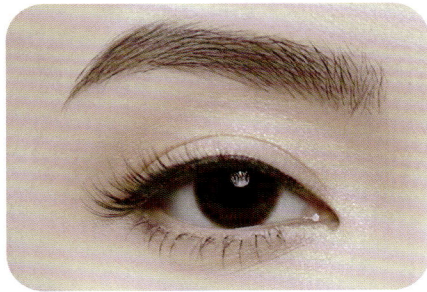

巧克力棕瞳孔　　　　　　　　　琥珀色瞳孔

3. 发色

暖春型人适合的发色有个共同的特征，就是都像被春日的阳光照耀着，泛着温暖的金色光泽。从浅棕色、蜜糖棕到深棕色，每一种色调都自带温暖和活力，既鲜明又带着女性的柔和甜美感。暖春型人的发质天生是丰厚且柔软的，充满了生命力，原生发质也多数都是健康、有光泽的。

| 古铜色 | 浅金棕 | 中金棕 |

■ 4. 对比度

　　暖春人发色和肤色的对比度适中，其特征是灵动活泼、可爱美好、充满灵气的，这些特征很适合圆脸的人，其面部通常不会出现太多暗面。

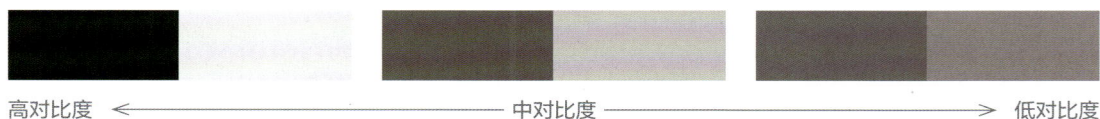

高对比度 ←——————— 中对比度 ———————→ 低对比度

净春　　　　　　　　　暖春　　　　　　　　　柔秋

暖春型的用色规律

暖春的完整色板

　　暖春是四季色彩分析中最原始的春季，它的色板也被视为"标准"的春季色板。暖春两侧的净春和浅春的色彩都分别受到了来自冬季和夏季的影响，无论是冷暖还是明度、饱和度都有相应的变化。

　　暖春的色彩融合了温暖与明亮的特征。这个季节位于春天最温暖、最具金黄色调的一端。所以这个色板上大部分的色彩都带有明显的黄色基调，色板中没有一丝凉意。例如，暖春色板上温暖的绿色、黄色、偏橙的红色、桃红，以及从米色到棕褐的各种浅棕色调，这些颜色都带有明显的温暖感。因此你在色板上很难找到很多蓝色调（蓝色是所有颜色中最冷的），你只会看到带有一点黄色基底的暖蓝色调，像是绿松石蓝、薄荷绿或浅蓝色。

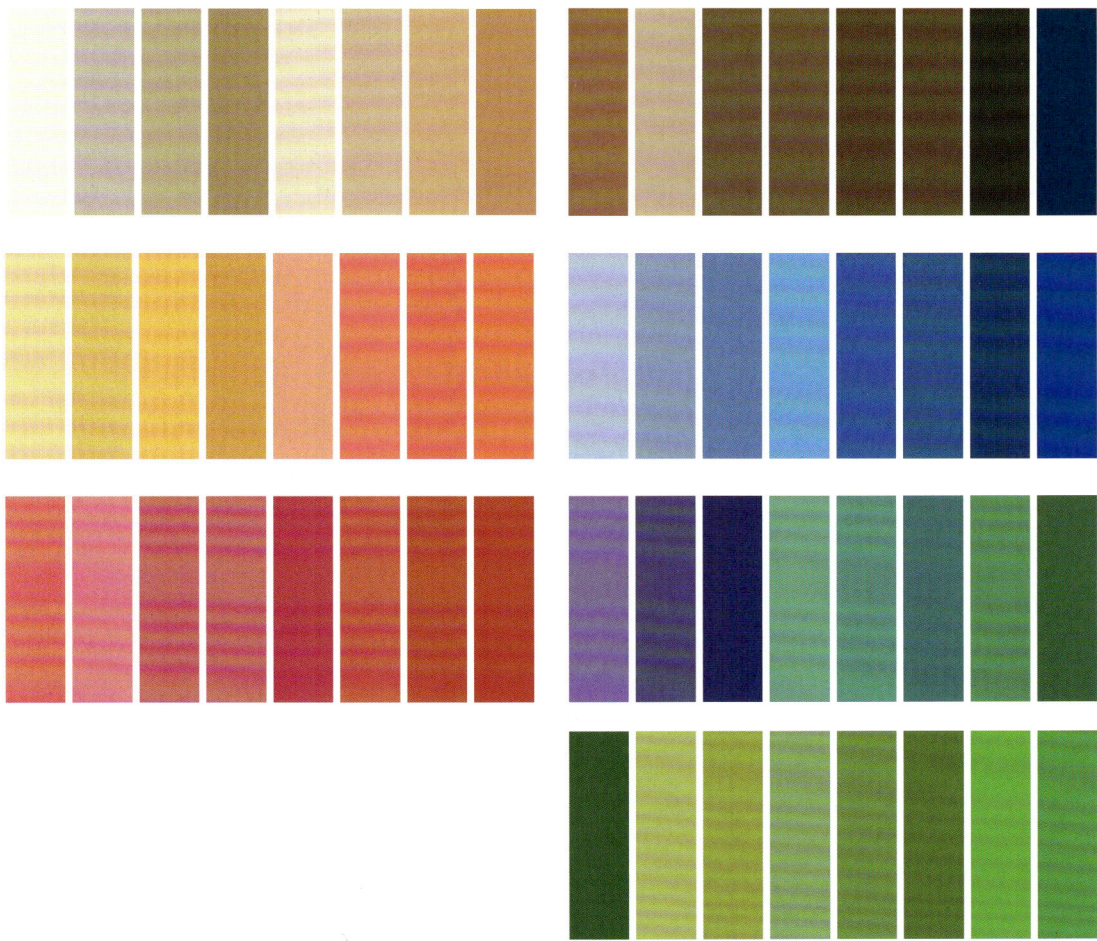

暖春的色彩三维度

1. 色调解析

我们要记住暖春的最大的色彩特征——既温暖又明亮。暖春的色彩组合犹如一盒饱和的彩色铅笔，

净春型　　　　　　暖春型　　　　　　浅春型

更冷更深　⟵　　　　　　　　　　　　　　⟶　更浅更冷

色彩温暖又鲜艳，与暖春的主要特点相一致。其色板位于色环中最温暖的区域，所以你会发现，几乎所有的暖春色彩都是带有黄色底色的，几乎不含蓝色底色。

2. 明度解析

暖春很靠近四季色彩轮盘图上"浅"的那一端，所以整体色调偏浅，色板上没有极深的颜色。但你可能会发现有较深的蓝色或紫色调，它们只作为辅助色与浅色调配合运用。

3. 饱和度解析

暖春型人的饱和度偏高，所以适合他们的色彩也是鲜明饱满的。这种中高饱和的色彩特质，让他们整体看起来充满活力和生命力，看上去是鲜艳明亮的，而不会黯淡无光。

暖春的姐妹色板

暖春在四季 12 型轮盘图中位于净春和浅春之间，作为春天的核心季型，颜色是明亮、温暖、中高饱和度的。与净春相比，其颜色更温暖、更柔和、略为浅淡。与浅春相比，其颜色更温暖、更明亮、稍微偏深。

作为暖春的姐妹调色板，净春和浅春分别与暖春共享明亮和温暖的特质。在用色的时候，可以根据你在暖春型中的色彩三维度特征和本身的色彩倾向，从姐妹色板中挑选一些颜色使用。

如果你更偏向净春，就可以选择净春色板上更柔和的色调，比如浓郁的金色、柿子红或热带绿。而如果你更偏向浅春，则选择浅春色板上较深的颜色，如热珊瑚、茶浆果红或翠绿。做季型配色其实就是在寻找一种最完美的平衡。

净春

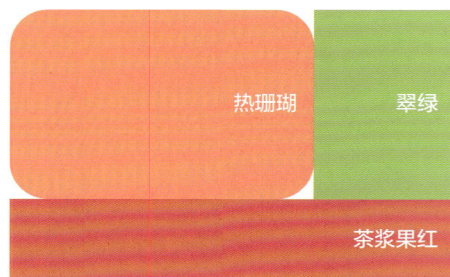

浅春

暖春的中性色彩

纯正的黑色和白色不会出现在春季人的色板上，因为颜色过于锐利，会显得造型较为突兀。如果要

用黑色的话，可以用暖巧克力棕和带有绿的深灰色来替代深的中性色。浅中性色的使用，可选带有米色、淡黄色或淡绿色的裸色系，这些浅色比纯白更温暖、柔和。米色和棕色是暖春的中性色的首选。

暖春要避免的颜色

暖春的最大特征是"暖"和"亮"，要避免的颜色就是和这两个特征完全相反的颜色，也就是"冷"和"柔"，就像冰蓝色、冷灰色，这些都会削弱暖春的暖度，让人看起来像生病了。带有浑浊感的色彩如灰蓝、灰棕色，会和暖春人自身"净"的特色相排斥，看上去显脏。

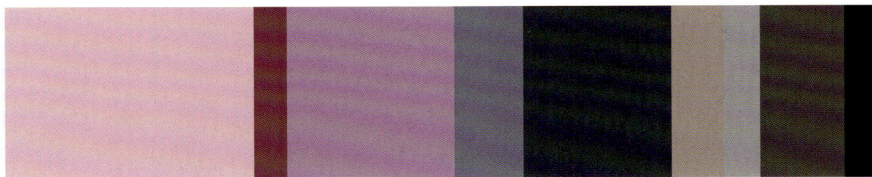

暖春的配色

暖春人在搭配色彩时可以任性一些，因为几乎每一种色彩组合其都能轻松驾驭。但要达到最佳效果，最好选择与其自身中等对比度相匹配的色彩。

在色彩明度上形成对比是一个方法，如金黄与芥末黄的同色系搭配。但对暖春人来说，更大的对比度往往更有魅力。邻近色的搭配，如杏色与桃粉色，或互补色的组合，如嫩绿色与珊瑚红，都能创造出迷人的效果。在色环上，颜色间的距离越远，视觉上的对比度就越大。

另外，将中性色与明亮的主色相搭配也是不错的选择。选择深色的中性色时，主色宜较浅；若中性色偏浅，则主色可选择深一些。

1. 同色系明度差 / 邻近色搭配

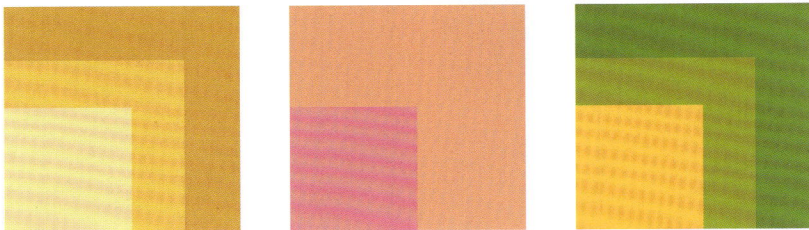

2. 互补色

3. 中性色 + 强调色 + 明度差

暖春与暖秋的比较

暖春和暖秋在季型轮盘图上处于相对的位置，这两个季型的共同特征是暖色调，而最大的差别就是饱和度不同。暖春的色彩清新明亮，饱和度偏高。暖秋的色彩更加柔和，饱和度中等偏低，对比度也更低。

从整体气质上来说，暖春人是清甜可人的百花仙子，而暖秋人是成熟高贵的大女主。在用色上也有很大不同，暖春人适合一切鲜嫩的色彩，如鹅黄、桃红、芽绿，不能用枯枝败叶的色彩，最怕浑浊寡淡的大地色，也不能画生硬的大红唇和粗眼线。暖秋人适合大面积的中低明度但浓郁的暖调色彩，如深红色、酒红色、藏蓝、黑色、金色，适合浓妆、欧美风，而不能采用朴素寡淡的打扮。

暖春型

暖秋型

暖春型的造型风格

暖春是正统的春季，也是中国女性的主流季型。暖春人拥有一种与生俱来的灵动与活泼，其气质中散发着可爱、甜美和清纯，仿佛春天的微风轻轻吹过，带来了无尽的温暖和生机。暖春人的色彩气质如同春天的花朵，鲜艳、稚嫩，充满了天真与朝气，生机勃勃。暖春人适合的风格多种多样，既可以是韩国的清新风，也可以是浪漫的田园风，甚至是公主般的梦幻风。许多明星，如杨幂、欧阳娜娜、赵丽颖，都被视为暖春人的代表。

　　暖春人的面部往往给人圆润、轻柔的感觉，因此，在选择服装时，应避免那些过于硬朗或厚重的款式，如西装、皮衣和风衣。相反，暖春人更适合穿着轻盈的长裙、甜美的A字裙，以及带有一字领、荷叶边和泡泡袖等细腻的细节设计的款式。相较于裤装来说，裙装对其来说是一个更好的选择。当我们提到服装风格时，名媛风、公主风和纯欲风都与暖春人非常契合，而御姐风则可能不太适合。

　　暖春人的皮肤通常带有黄色基调，这使得玫瑰金的饰品在其身上尤为出彩。正黄色可以说是暖春人的标志性色彩，但其同样可以尝试其他鲜嫩的色彩。在化妆时，暖春人应注重"画色不画形"，选择生动而不夸张的色彩。口红应避免选择那些过于淡雅、哑暗的豆沙色和冷紫色调。而过于粗犷的黑色眼线和浓重的睫毛也不太适合暖春人。

暖春人的妆发造型

暖春人的发型

为了突显出暖春人活泼和灵动的特质，发型应当避免过于刻板或整齐。长卷发的卷度不宜太死板，直发也不应该太过服帖，不能呈现出一种太刻意、生硬的感觉。在做发型时，重点是要突显出发丝的层次感和空气感，这样不仅可以展现出头发的蓬松和质感，还能与暖春人的天然少女感相得益彰。甚至可以尝试一些看起来略显不经意、带有一丝凌乱感的发型，这种自然风格往往能更好地展现出暖春人的鲜活感。最重要的是要保持暖春人自然、活泼和有生气的特点，使发型与其个性和气质相匹配。

暖春人的染发建议

暖春人的原生发色就带有暖色调，所以在选择发色时具有得天独厚的优势，特别适合选择那些带有暖色调的颜色。从淡棕色到深棕色，只要保持明确的暖色基调，都能为暖春人增添一丝春天的温暖与柔和。

WELLA 8CB 蜂蜜茶棕	欧莱雅 5.73 冷茶棕	WELLA 5B 榛果黑棕	卡尼尔 4.3 奶茶棕

色彩选择

暖春人天生拥有一种温暖、明亮的肤色，这使其在染发色彩的选择上有着更多的自由度。推荐选择带有明确暖色调的颜色，如金棕色、焦糖色、巧克力棕等。

颜色细节

选择染发颜色时，可以考虑加入一些微妙的色彩变化和层次，例如在基本色调中融入一些高光挑染，增加发色的深浅变化。这不仅可以为发色增添更多层次，还能使其看起来更加自然、富有生气。但要注意，细节色彩也应保持暖色调基础，避免采用冷色系的色彩。

暖春人化妆建议与指导

　　暖春人适合自然清透、宛若天生的妆容，一定要突出晶莹透亮的水润感，可以体现在皮肤上，也可以体现在唇彩上。眉毛的形态要有一定柔和的弧度，并且要舒展，保留一点点眉毛的毛绒感，更能突显少女特质。眼影和眼线要有，但不能过重，画出根根分明的超自然睫毛效果最好，即"眉清目秀"的天生妆感。

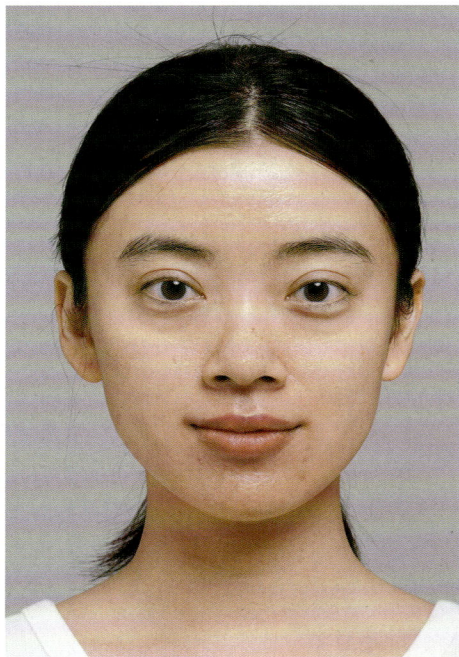

素颜 ▲

正确妆容 ▶

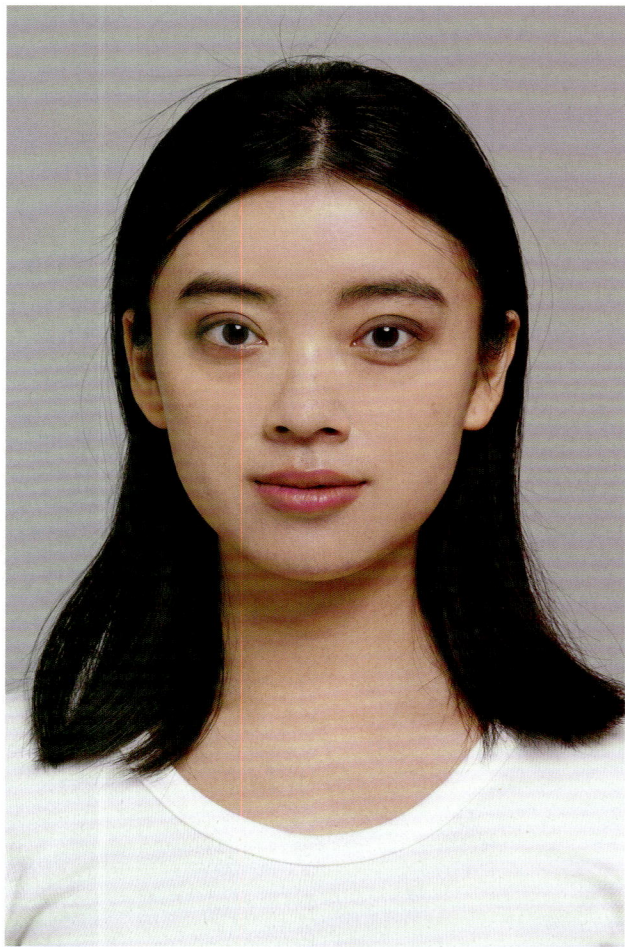

错误妆容 ▶

暖春人的眼影

　　暖春人天生带有一种温暖和明亮的色彩，因此在选择眼影时也应该反映出这种特质。暖春人的眼妆色彩最好选择中等明度、暖色调的色彩，如珊瑚橘、深珊瑚粉、鲑鱼粉、淡橘棕和暖粉等，这些颜色能够与暖春人的肤色和气质相协调。暖春人也适合带有光泽感的眼妆，特别是局部可以使用暖色调的闪片，如金色、香槟色或玫瑰金色闪片，都能与暖春人的气质完美契合，增加眼妆的立体感和灵动感。

　　注意避免采用沉重和灰暗的色调，如深棕色、灰色、黑色、深紫和墨绿色系等，这些颜色可能会使暖春人的眼睛显得沉闷。尤其是当用了不恰当的颜色且妆感还很重时，容易给人一种较为成熟的感觉，与暖春人的气质不符。

眼影选色

眼影推荐

Charlotte Tilbury
 # Pillow Talk

NARS
 # 愉悦红粉

Clio
 # 07 Peach Groove

Lunasol
 # 11 Savage Rose

暖春人的腮红

暖春人天生带有一种明亮和温暖的气质，因此更加适合选择明亮的暖色调腮红，如暖珊瑚、蜜桃粉、柿子橙和浅三文鱼色腮红。在腮红的质地选择上，暖春人也适合有轻微珠光的腮红，例如带有金色或香槟金细闪的腮红，这些腮红不仅能与暖春人的肤色完美融合，还能使其看起来有自然健康的红润感，皮肤也能显得更有光泽。

对于暖春人来说，冷色调或过于深沉的腮红可能会与其自然的气质不符。如蓝色基底的玫瑰红、深梅色或灰色调的粉色都可能使面部显得过于苍白或成熟，要注意避免。

腮红选色

腮红推荐

Clinique
 # 08

花知晓
 # 03

NARS
 # 愉悦红粉

Laura Mercier
 # Bellini

MAC
 # Sweet Enough

Charlotte Tilbury
 # First Love

暖春人的口红

对于暖春人来说，口红首先考虑与其肤色、气质相协调的暖色调，例如桃红色系、暖橘色系以及各种蜜桃色系都是暖春人的"本命色"。质地方面适合有水润感的口红，唇蜜或唇釉都是暖春人的绝佳选择。注意避免采用冷色调和生硬的色彩，以及奶茶色、裸色、吃土色和豆沙色，这些色彩可能会使暖春人的妆容显得暗沉，也与其天生的气质不符。

口红选色

浅三文鱼色	浅珊瑚	裸珊瑚	鲜桃粉
霞光粉橘	日落橘	珊瑚粉	蜜瓜色
番石榴红	柑橘色	火焰红	木槿红
卡宴红	芙蓉粉	番茄粉	

口红推荐

Rom&nd
11 Pink Pumpkin

Dior
012 Rosewood

YSL
10

Giorgio Armani
110

4.3
浅春——清淡柔和的邻家妹妹

浅春型的季节印象

　　浅春的色板宛如初春的早晨，温暖而又轻盈，充满了生机，它给人的印象就像一盒彩色糖果，精致、鲜艳又色彩丰富。这与浅春季节的自然特质，即清透、明亮、轻盈感，完美地契合。在 12 季型色彩体系中，浅春占据了一个独特的位置，介于暖春与浅夏之间。浅春作为春、夏两个大季型间的过渡季节，既带有春天的活力，又带有夏天的清凉。

　　浅春，像是春日的晨露与夏日的微风相遇，柔和中带着清新。这个季节的色彩从鲜明的光面转变成柔美的雾面，像披上了一层薄薄的轻纱。浅春人带来的是一种扑面而来的清新少女感，就像邻家的乖乖女，每一次笑容都仿佛被甜蜜的奶油所包裹，满溢着治愈的温暖。

　　浅春型的人总是带着满满的少女感，看上去也比实际年龄更小。浅春人的肌肤宛如凝脂，吹弹可破，其五官轮廓柔和，没有过于强烈的存在感。因此，使用太鲜艳的色彩会显得不太和谐。对于浅春人来说，韩系的淡雅色调最为适合，轻妆淡抹可以更好地突显其天然美感，而浓烈的色彩和妆容可能会显得过于压抑，会把人掩埋在色彩背后。

浅春人的色彩印象

　　浅春处于四季 12 型色彩轮盘图的最右侧（浅型），是整个春季家族中饱和度最低且最柔的类型，轻盈而温暖。浅春和浅夏属于邻近季型，也很容易搞混，因为这两个季型都属于浅季型，皮肤、眼睛、头发颜色的对比度都偏低。尽管两者都处于春夏交接处，但它们所倾向的色彩特性却大不相同。浅春是带有温暖的底色的，色板中的颜色都带有黄色的底色，带着春季的活力和暖色调，充满生机和温暖。而浅夏的色彩都带有蓝色、灰色的底色，像是夏季午后的淡淡树影，充满初夏的清凉和淡雅，轻柔小调，和风徐来，给人一种宁静的美感。

　　浅春的色板，宛如大自然中的初春时节般绚烂。当你走在春天的田野间，会看到嫩绿的草丛中点缀着点点野花，这就是浅春的绿与粉，柔和而生机勃勃。早晨的天空，清澈的蓝色中带着淡淡的金黄，这是太阳初升时，洒在大地的第一缕温暖阳光，也正是浅春色彩中的蓝与金，和谐又自然。每当春风吹过，满树的花瓣飘落，如同浅春色彩中的淡粉与乳白，轻柔而又浪漫。整个浅春的色板，就像是在春季鲜艳丰富的色彩上笼罩着一层浅金色的阳光，让所有的色彩都变得鲜亮柔和了。

LIGHT SPRING

浅＋暖
light & warm

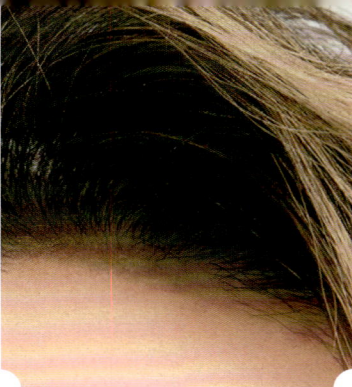

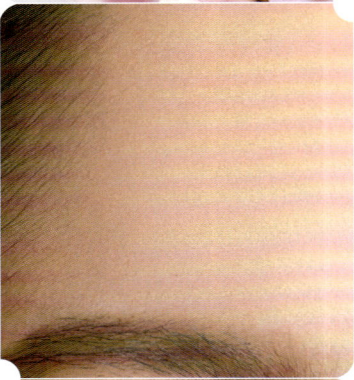

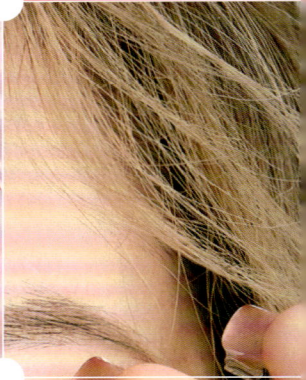

Light
Spring

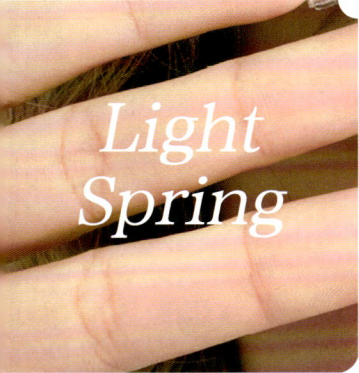
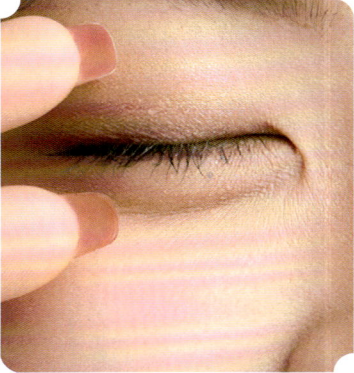
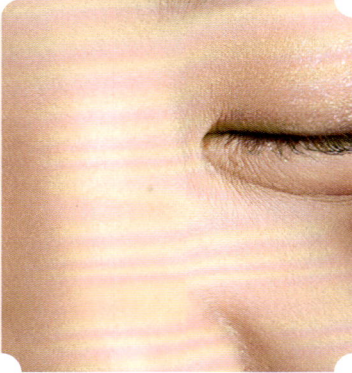

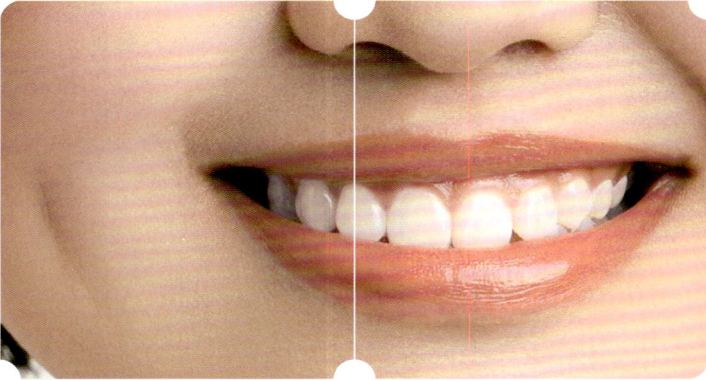

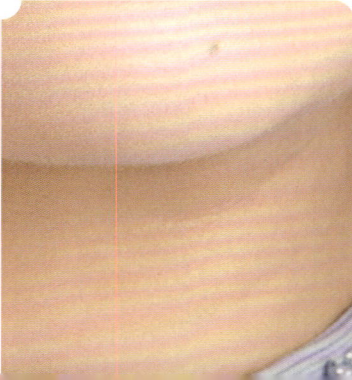

净
BRIGHT

暖
WARM

春
SPRING

浅
LIGHT

浅春型的基因色彩特征

1. 肤色

　　浅春型的人如同春日里淡粉色的桃花，散发着一种柔和的光彩。其最显著的特征就是如凝脂般吹弹可破的白皙皮肤，素颜时皮肤也会带着微微的光泽。在亚洲人的肤色中，这种肤色被称为象牙白，就像陶瓷一样光滑，又像春日的晨露般带有一丝微微的光泽。由于皮肤薄透，浅春型人也更容易显露出其天生的敏感特质，面颊上常常会带着珊瑚色或鲑鱼粉的红晕。其肤色基调通常是暖或者中性偏暖，在饰品选择上，金色和银色都可以与其肤色和谐相融，但金色更能够凸显出皮肤的温暖和光泽。

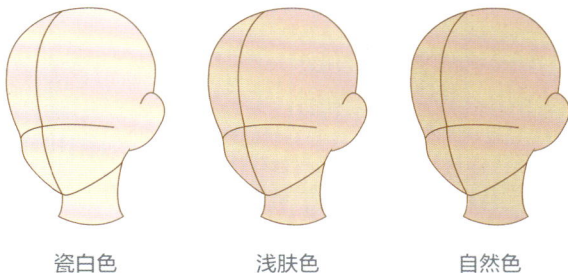

瓷白色　　　　　浅肤色　　　　　自然色

2. 眼睛

　　浅春型人的瞳孔颜色偏浅，带有暖色调，微微泛黄，带着茶色、琥珀色或黄褐色。仔细观察浅春人的眼睛，你会发现，虹膜上的细微线条也是暖色的。其瞳孔与眼白的对比度中等偏低，使得整个眼睛都像被轻轻的雾感所笼罩一样，这种雾感使眼眸不仅看起来更加柔和，同时也会像少女的眼睛一样，带着一种温柔与稚嫩感。

茶色瞳孔　　　　　　　　　　琥珀色瞳孔

3. 发色

　　浅春型的东方人虽然整体色调浅，但当涉及发色时，还是要谨慎选择。对其来说，过于浅的发色可能会破坏整体的和谐与清秀，让人觉得略显俗艳。浅春人与生俱来的魅力，在于那种东方的含蓄与清雅。因此，柔和的黑色和棕色系更能衬托出浅春人的五官，使之更加立体鲜明。

| 草莓金 | 浅古铜 | 浅金棕 |

■ 4. 对比度

　　浅春型人的对比度属于中低范围，五官更多地展现出小巧、精致的特点，就像春天里刚刚绽放的小花，细腻而含蓄。浅春型人不论是五官、发色与肤色之间，还是瞳孔与眼白之间，对比度都保持在一个柔和的水平，你很难在他们的脸上发现深邃的暗区。"浅"这个词，在浅春型中并不仅仅局限于颜色的深浅，它更多地体现在五官的轮廓和阴影上，清澈、浅淡而透亮，正是因为这样的特征，才会显得人有轻盈感。

高对比度 ← 　　　　中对比度 　　　　→ 低对比度

净春　　　　　　暖春　　　　　　浅春

浅春型的用色规律

浅春的完整色板

　　在春天色板中，浅春像是初升的晨曦，温暖且柔和。它坐落于四季 12 型色彩轮盘图中最浅的那一侧，毗邻浅夏，与其相似又有所不同。两者的对比度都不高，如此纯净、稚嫩、轻盈。尽管浅春人与浅夏人都偏爱高明度、低饱和的色彩，但浅春人更钟情于温暖的色调，如嫩黄、嫩绿、浅杏、浅橘、浅桃红、珊瑚色等，可以令人联想到初春的花瓣、阳光下的果实，也像是梦幻的马卡龙色调。而浅夏人就像夏日的清凉微风，更适合清爽的冷色调，如粉蓝和粉紫，带着初夏的清新和凉爽。

浅春的色彩三维度

1. 色调解析

浅春的色调是柔和、清亮且温暖的。这种微妙的温暖感，源于色彩中带有的黄色调，让整体色调偏

暖春型	浅春型	浅夏型

更暖更净 ←————————————————————→ 更冷

向暖色系，但又不会过于夸张。这与它内部的色彩平衡有关：虽然黄色底色多于蓝色，但二者之间的比例并没有拉开过大的差距，因此形成了一种和谐又有层次的色调。这种微妙的黄与蓝的平衡，使得在浅春色板上的蓝色也被赋予了特殊的温度。

▌2. 明度解析

浅春的色板明度偏高，充满了清新的浅色调。深色在这张色板中只是稀稀落落地出现，更多是作为浅色的辅助配色，以增添色板的丰富性。并且这些深色也带着暖调，而不是带有冷峻感或压迫感。至于中间明度的色彩，它们在这张色板中扮演的是一种和谐的过渡和连接的角色，使整体色板更为协调。

▌3. 饱和度解析

浅春的色彩饱和度适中，与暖春和净春的浓郁鲜艳相比，其更像冰淇淋或彩色粉笔般柔和、丰富又细腻。可以在脑中构建一个四季 12 型色彩轮盘图的画面，当指针以顺时针方向从暖春往浅春转换时，饱和度降低，而明度却提高了，于是鲜嫩明快的色彩就出现了。

浅春的姐妹色板

浅春位于四季 12 型色彩轮盘图上的暖春和浅夏之间，位置在暖春的右侧，也就是说颜色比暖春要柔和、轻淡且不那么温暖了。与浅夏相比，这些颜色更温暖、更饱和，明度相似。夏季对色板的影响是多一点柔和度，也就是饱和度更低。其他两个春季的高对比度在这里并不适用，因为浅春天生对比度低。

作为浅春的姐妹色板，暖春和浅夏分别共享了浅春的温暖和轻淡特点。用色的时候可以根据你在浅春型中的色彩三维度特征和本身的色彩倾向，从姐妹色板中借用一些颜色，因为其与浅春的色板非常接近。

蛋黄色	三文鱼色		柔粉色	浅紫色
鸡尾酒绿			浅天蓝色	

暖春　　　　　　　　　　　　　浅夏

浅春的中性色彩

当春季人做色彩选择时，纯正的黑色和白色并不是首选。这两种极端的颜色比较锐利，会压制住春季人原本的生动感。但这并不代表春季人不能选择深色，暖巧克力棕或带一点绿的深灰色是不错的替代品，既沉稳又带有一丝温暖感。

在浅色系中，纯白虽然简洁干净，但它的清冷感并不适合春季人。相比之下，米色、淡黄色或淡绿色的裸色系显得更为柔和，给人一种温暖舒适的感觉。这些色彩，就像春天的风，不冷也不热，恰到好处。

浅春要避免的颜色

由于浅春的主要色彩特征是"暖"和"浅"，所以一定要避免深色和冷色。除了黑色，其他深色如深紫、深绿、深蓝也不适用，过于饱和的颜色如焦糖橘色、纯度高的大红色，也会掩盖浅春的精致和轻盈感。这时候易产生"色大于人"的情况，也就是说色彩过于有压迫感，而人的基因色彩和五官特征由于较为柔和，被颜色遮蔽住了，这时候呈现出的第一印象就会只看到颜色，而忽略了人。

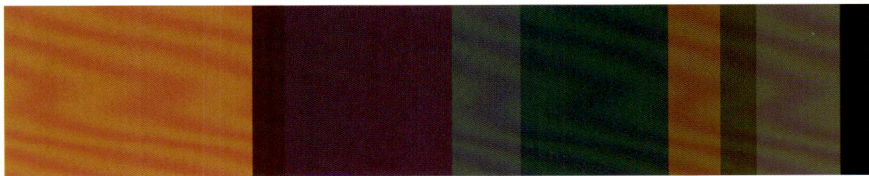

浅春的配色

浅春的配色呈现中等的饱和度，融合了明亮且活跃的色彩，让人眼前一亮，充满活力。其中，邻近色的搭配方式是最常用的，例如珊瑚色和浅粉色的组合，效果既和谐又清新。

在使用中性色彩时，可选用柔和的浅色作为主调，并点缀上一些鲜艳的色彩。这样的配色可以用于浅型人的正式场合穿搭。但需要注意，过度使用中性色可能会使整体色调失去春日的新意与活力。因此浅春人要多尝试不同的配色比例，才能找到像春风一样温和、生动、活泼的配色方式。

1. 柔和浅中性色 + 鲜艳色

2. 中等饱和度 + 邻近色搭配

浅春与浅夏的比较

　　浅春与浅夏都是在色彩上很有特色的类型，两者都拥有一种淡雅与清新的美感，但表现形式却又不同。

　　浅春的色调给人的感觉就像是清晨的第一缕阳光，温和而明亮，基调多带有黄色的元素。浅春人的气质往往给人一种亲切、纯真、乖巧的感觉，当我们说起浅春，很容易联想到清新、甜美的风格。浅夏的色调则与浅春有所不同，更像是月光下的清凉之感，带有一种淡淡的神秘色彩。其基调偏向于蓝色和灰色的组合。说到浅夏，就会联想到那种仙气飘飘的轻柔气质，带有一点幽雅和淡然。

　　在色彩选择上，浅春人与浅夏人均适合高明度且低饱和度的色彩。但浅春人更倾向于温暖的色调，如嫩黄、嫩绿、浅杏色等；而浅夏人则更倾向于冷色调，如浅粉、浅蓝和浅紫色。

浅春型

浅夏型

浅春型的造型风格

　　浅春型处在 12 季型坐标上最浅的一端，明度高，量感小，对比度中低，这样的基因色彩特征，使其外形充满轻盈感，是清新甜美又温柔可爱的类型。虽然浅春人中淡颜系女孩居多，但她们仍然维持了春季人特有的阳光温暖、治愈感，是充满朝气和甜美的学生气妹妹。

浅春人的造型风格整体来说要带有女性化元素，适合采用柔软轻盈的材质，例如棉麻、丝绸、毛绒感的针织材质，剪裁宜简单，突出自然轻松、柔美飘逸、明快温暖之感。无论是服饰、妆容、发型还是配饰，浅春人都更加适合明亮温暖的色彩，在款式上也要强调柔和与轻盈飘逸，不适合复杂的设计和强烈的色彩对比。

浅春人的妆发造型

浅春人的发型

浅春型人的特质，融合了春与夏的色彩特点，与马卡龙色彩所蕴含的细腻与活泼有着异曲同工之妙，细致、多彩且充满活力。

浅春型人通常拥有轻柔少女的气质，适合简约而纯净的风格，这种风格的代表有演员林允和张含韵，她们所散发的气质通常像邻家女孩一样真诚、善良、有亲和力，还具备领导特质，就像学生时代的班干部形象。

在造型选择上，浅春型人更适合轻盈、明亮且带有少女感的打扮。金银饰品可以与浅春人的特质完美匹配，但要确保饰品细致且低调，微亮但不刺目。在妆容上，推荐选择淡雅的色彩，如奶茶色、桃粉和淡橙红。浅春型人的美在于其如同春天的早晨那般明亮且富有活力。采用高明度的造型，结合马卡龙般的色彩，再搭配上一些淡雅的妆容，就能最大限度地去展现浅春人的特质。

浅春人的染发建议

虽然浅春型人的色彩特质是明亮、柔和、活力，但在选择染发颜色时，需要特别留意，极浅或过于抢眼的颜色，如金色、奶奶灰或荧光色，可能并不适合他们，因为这些颜色可能与他们固有的温和气质不太协调。

浅春型人在染发时可选择一系列偏向暖色调的颜色。自然的黑色、深沉的栗色、焦糖色、金棕色和暖棕色等，都是不错的选择。这些颜色不仅能够与其肤色形成和谐的对比，而且更能凸显出其天生的温暖特质。

WELLA 8CB 蜂蜜茶棕	欧莱雅 5.73 冷茶棕	WELLA 5B 榛果黑棕	卡尼尔 4.3 奶茶棕

浅春人化妆建议与指导

　　浅春型人如同春天里的清新晨曦，拥有自然而又明亮的美感。其皮肤白皙，发质轻柔，五官柔和，给人留下青春活泼的印象。浅春人的特质在化妆时也要得到体现。选用的色彩不宜过于鲜艳或对比度过高，以免转移了五官的焦点。对于眼部，睫毛应呈现自然的弧度，可以选择轻巧细致的眼线，甚至也可以省略眼线。唇妆选择如奶茶、珊瑚、桃粉或西瓜红等温暖而又柔和的色调是最恰当的。

　　浅春型人的妆容虽偏向自然柔和，但也不应完全忽视色彩的丰富性。标准的"白开水妆"或大地色系的妆容并不适合浅春人，因为丰富多彩、富有生命力是春季最大的色彩特点。过于夺目的荧光色或是闪亮的彩妆也不适合浅春人，一定要注重妆容的明度和色彩的层次感。

正确妆容 ▶

素颜 ▲

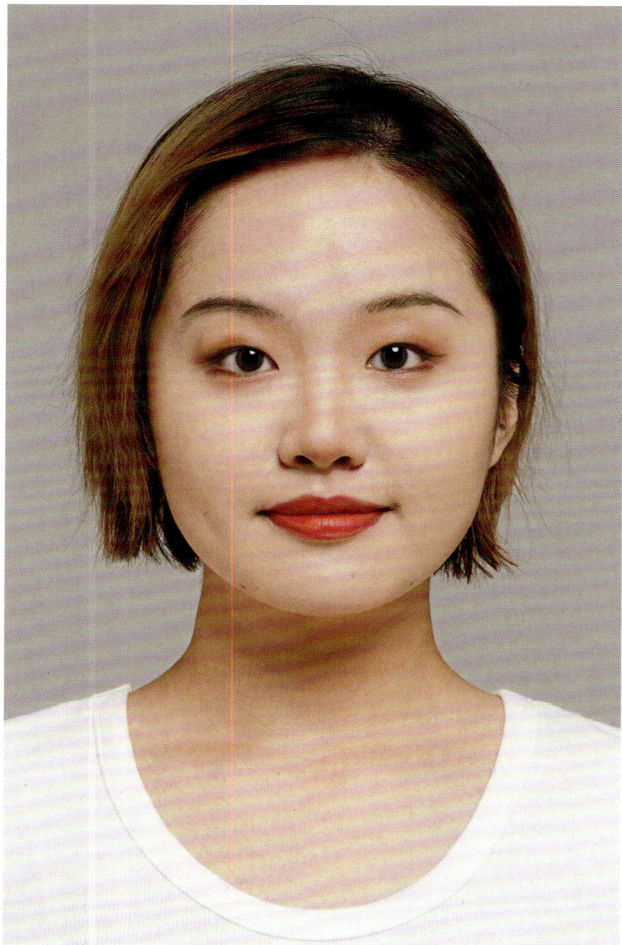

错误妆容 ▶

浅春人的眼影

　　适合浅春型人的眼影颜色主要为奶油珊瑚、裸棕和奶茶色系。这些颜色都具备低饱和度和高明度的特质，能够为眼妆带来一种纯净且不过于夺目的清新之感。在应用眼影时，建议控制好晕染的范围，使其宛如春风吻过花瓣般轻柔，留下细腻的色彩。对于睫毛和眼线，建议维持纤细和清晰，展现出一种自然的雅致。浅春型人在选择眼妆风格时，要保留本身所具备的清新和纯真特质，尽量避免过于重和复杂的风格，如烟熏或强烈的欧美风格，对于浅春人来说太浓太重了。

眼影选色

蛋壳色　燕麦色　暖灰色

嫩黄绿色　暖粉色　草莓粉

蜜桃橘　浅金色　珊瑚橘

眼影推荐

espoir
02 Rosy Feed

Chanel
Warm

Clio
15

Holika Holika
Pink Ology

浅春人的腮红

在腮红选择上，浅春人应追求与清新氛围相匹配的色调，颜色既要温暖，又不宜过于鲜艳。为了与浅春型人的肤色和谐融合，推荐的腮红色彩包括淡淡的珊瑚色系、蜜桃色系和暖粉色系，这些色彩能衬出脸颊的自然红润。

在应用技巧上，建议在颧骨上轻轻扫过腮红，呈现出自然的渐变效果。风格上避免浓重或过于刻意的修饰，要保持轻盈和自然。腮红的质地最好选择细腻且轻盈的，避免明显的闪片，这样不仅能更自然地与肌肤融为一体，还能展现出如水彩般柔和的感觉，简约又雅致。

腮红选色

黄桃色　柿子橙　西瓜粉　深蜜桃色
奶油粉　柔粉色　花瓣粉　玫瑰粉
阳光暖粉　火烈鸟粉　草莓粉　蜜糖橘粉
桃花粉　粉山茶　深粉橘色

腮红推荐

橘朵
50

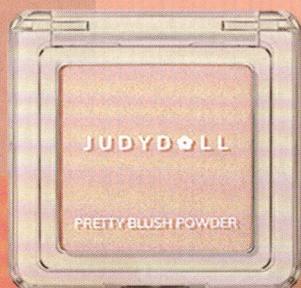

NARS
Sex Appearl

3CE
Mono Pink

peripera
13

浅春人的口红

在为浅春型人化妆的时候，要始终把握住如初春一样柔和清新的特点。在口红选择上，应追求与这种氛围相符的色彩，色调要活泼，不能过于鲜艳或深沉。对于浅春型人来说，合适的口红颜色是珊瑚色系、桃粉色系和奶茶色系。口红是塑造浅春型人妆容的关键一环，在质地选择上，可以考虑慕斯状或丝绒感的唇泥，打造轻盈细腻的效果，或者采用具有润泽效果的唇膏和唇蜜，使唇部看起来更加健康和有光泽。

口红选色

浅暖粉	浅蜜桃粉	暖粉红	草莓粉
裸蜜桃色	暖珊瑚色	粉橘色	浅粉橘色
泡泡糖粉	火烈鸟粉	山茶花粉	西瓜红
暖珊瑚红	奶油粉红棕	树莓粉	

口红推荐

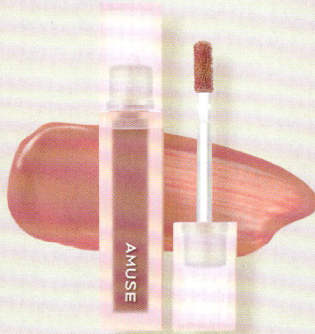

AMUSE
10

完美日记
101 冰萃白桃

LANCOME
274

花知晓
S02 牛奶桃子

Lancome
274

4.4
浅夏——晶莹剔透的纯欲美人

浅夏型的季节印象

　　浅夏是夏季的第一个季型，揭开了夏季"轻盈感"的序幕。若将季节比喻为色彩的画布，那么浅夏便是那些柔和而清新的画面，处于浅春的温婉与冷夏的清爽之间，像初夏清晨的微风，带来既不浓烈也不寒冷的淡淡凉意。

　　浅夏比典型的夏季型更加有轻盈感，虽然浅夏的第一特征是"浅"（高明度），但它仍然是一个丰富多彩的季节。浅夏的色板上有着比浅春更为柔和、更为清爽的色彩。从温暖的春季色调逐渐过渡到清爽的夏季色调，浅夏型刚好处在这两者之间，同时受到两个季节的影响，既有春天的鲜艳，又有夏天的清雅。

　　浅春和浅夏两季都处于春夏季型交替的位置，在色彩和特质上是有很多相似之处的。它们最大的区别是：浅春深受春季色彩的影响，色彩明快生动；而浅夏则偏向于夏季的色彩，流露出更为清爽宜人的气息。浅夏型人需避免那些色彩过于强烈或显得沉重的调子，这些可能会压抑浅夏型人天生的清澈与纯粹。

浅夏人的色彩印象

　　浅夏是跨入盛夏的序章，它带来的不仅是温度的回升，还有一种仙气与清新的感受。它的色彩，就像初夏海面上的微光，既不尖锐也不寒冷，而是温婉而淡雅。在色彩方面，浅夏型的人更适宜那些带有蓝和灰底色的色彩，就像夏日树梢间透过的一抹柔和光线，既不刺眼也不暗淡。与暖阳下活力四射的浅春相比，浅夏型人的色彩更显得恬淡和清冷。

　　浅夏人，是灵动飘逸的美人，其气质清新脱俗，仿佛仙境中走出的精灵般鲜活、灵动、俏皮。这样的季型在柔美与少女感之间，取得了一个完美的平衡。在这个由春转夏的过渡时分，浅夏带着一股不太明显的冷调，同时延续着春天的那份细腻与柔软。它与浅春有着一些显而易见的差异，浅春如同元气满满的少女，光彩照人，而浅夏则更多了一份如泉水般清新的润泽以及精灵般的灵动。就像春夏交替的时节，气候并非一夜骤变，而是缓缓过渡的，相邻的季型也是如此，彼此交融而非截然分明。

　　浅夏型的色彩印象，不是夏季的炎炎热浪，而是一种令人心旷神怡的清凉感。淡蓝色是夏季人的主色调，不同于深蓝的沉稳或明亮蓝的活力，浅而柔的淡蓝蕴含的是轻柔和宁静。淡蓝、淡紫与淡粉是浅夏型的代表色，它们给人的感觉像清晨的阳光照耀下的天空，细腻温柔又不失清爽。在浅夏型的色彩世界里，这几种代表色携带的是一种青春的、生机勃勃的气息，就像夏日清晨万物复苏时微风中传递的花香，细腻而甜美。这几种色彩，在浅夏型的人身上展现出一种绝佳的和谐与柔和，成为夏日里最为轻盈的色彩组合，清新而纯净。

LIGHT SUMMER

浅 + 冷

light & cool

夏 浅
SUMMER LIGHT

冷
COOL

柔
MUTED

Light
Summer

浅夏型的基因色彩特征

1. 肤色

　　浅夏型人，之所以"浅"会成为第一特征，首先归功于其明亮而柔和的皮肤色调，其次，是那份由内而外散发出的凉爽气息。浅夏人多半拥有冷调或中性的肤色，偶尔混杂着独特的橄榄色调。浅夏人的肤色往往保持在瓷白至米白色之间，通常携带着一丝丝细腻的红晕。

　　在金色饰品的对比下，银色或玫瑰金色的饰品似乎更能凸显出浅夏人皮肤的细腻与柔和。这样的皮肤看上去仿佛被一层白瓷般细腻的光环所笼罩，拥有一种朦胧而非黯淡的光泽，不同于浅春人皮肤的透明质感。底妆上，更适合增添一份细腻的光泽，避免过分的水光感，以保持皮肤的天然原生感。

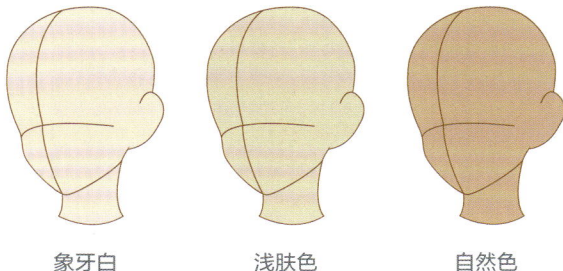

象牙白　　　　　　浅肤色　　　　　　自然色

2. 眼睛

　　浅夏人的眼睛，像初夏的宁静湖面，其瞳色轻柔、冷静而中性。微妙的冷黄色调是其瞳孔的底色，呈现出淡淡的栗棕或温和的茶色，覆以一层细微的灰色基调，整体给人的感觉是清爽浅淡的。

　　在美瞳色彩的选择上，浅夏型的人特别适宜佩戴那些富有冷调色彩的淡色镜片，不论是冷灰、蓝调还是绿调都可以。浅夏型人眼中的虹膜与洁白的眼白之间没有生硬的界限，而是一种柔和而和谐的过渡，这样更好地展现出了一种轻盈与凉爽感。

栗棕色瞳孔

茶色瞳孔

3. 发色

浅夏人的原生发色呈现出一种柔和自然的棕黑色调，在阳光下会显露出淡雅的灰色调。对于浅夏人来说，那些浓郁的黑色或明显的暖色调并不是最适合的发色。如果要染发，更适合选择有点朦胧感的中性灰棕，或是淡雅的玫瑰灰棕，或是带点薰衣草色调的灰棕，这些颜色都能够衬托出他们清冷且柔和的气质。

灰褐色	深亚麻	浅灰棕

4. 对比度

浅夏型的人如同一幅淡雅清新的水彩画，其美在于色彩间的和谐与柔和。他们的发色与肤色之间、瞳孔与眼白之间，乃至面部各个特征之间的对比度都是偏中低的。在浅夏型人的颜色世界里，"浅"这一词汇的含义远超过颜色本身的淡色调，它同样指代了五官的阴影。在他们的脸上，几乎没有阴影，满是轻盈与透明。这种特征让他们的美不在于对比的强烈，而在于那种温柔的过渡，既精致又自然。

高对比度 ← 　　　　中对比度　　　　 → 低对比度

深冬　　　　　　柔夏　　　　　　浅夏

浅夏型的用色规律

浅夏的完整色板

在夏天的色板中，浅夏型多数都是明亮而生动的色调。想象一下在凉爽而温柔的夏季清晨，当阳光轻轻洒落在带着晨露的绿叶和初绽的花朵上，勾勒出温柔而轻盈的色调。

浅夏型的色板正是这样的凉爽和轻盈。在这个色板中，高明度的色彩是主角，而深色调则恰到好处地作为小范围点缀。色彩之间大多维持着中等偏低的对比度，比如柔和的浅粉色、细腻的粉灰色和清新的蓝绿色系，它们显现出和谐一致的美感。

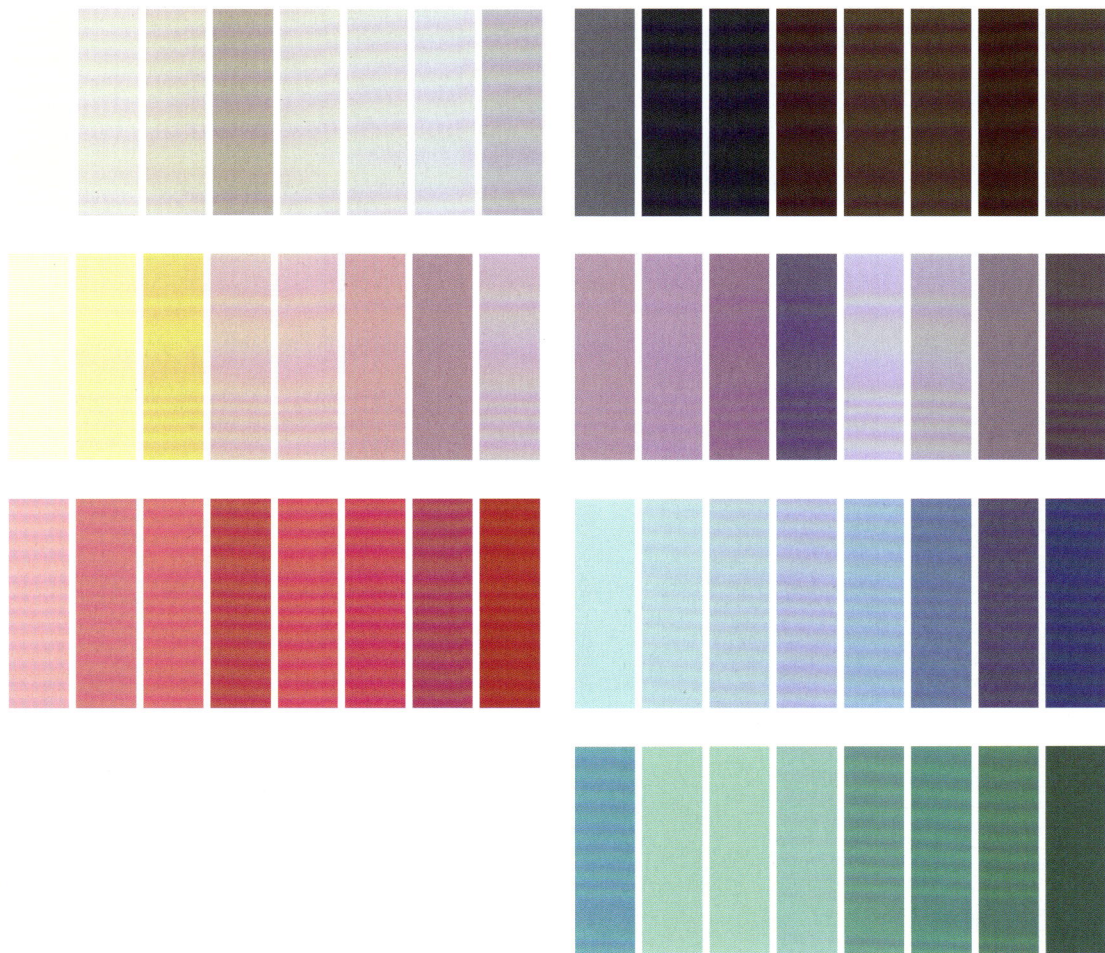

浅夏的色彩三维度

1. 色调解析

浅夏型的色板让人联想到宁静的海洋,色彩透着沁人心脾的凉爽感,但不会过分寒冷。蓝色的底色始终是主导,因此在这样的色板中出现的黄色,它们也不是常见的暖黄色调,而是带有一抹蓝调的冷黄色。

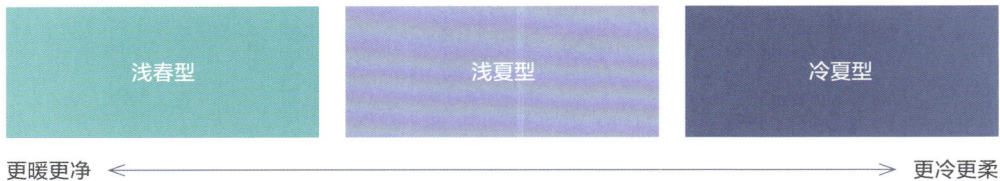

| 浅春型 | 浅夏型 | 冷夏型 |

更暖更净 ←——————————————————————→ 更冷更柔

2. 明度解析

在浅夏型的色板上,色彩普遍展现出一种淡雅感。它们多半倾向于柔和的浅色系,罕见深沉的色彩,即便是中等明度的色彩,也仅是以点缀和增加层次感的方式而存在。这样的色彩组合构成了一个近乎无深色的色彩世界,像夏日晨曦中的一片薄雾一样,明亮、含蓄、轻柔。

3. 饱和度解析

浅夏色彩的饱和度一般处于中等范围,它既不是过度柔和的,也不是强烈鲜明的。受春季温暖气息的微妙影响,浅夏色调拥有一丝明朗和活力,在饱和度上稍微高于冷夏和柔夏,不会过于内敛,但又不及浅春的色彩强烈,就像一盒好看的彩色马卡龙。

浅夏的姐妹色板

浅夏在四季 12 型色彩轮盘中位于浅春与冷夏之间,在色彩上更倾向于春季色板的一端,相比于冷夏来说更为轻盈、明亮而温暖。但浅夏的色彩饱和度属于中高,几乎和浅春是一样的。

春季对浅夏的影响体现在增添了色彩的温度和亮度,同时相较于夏季的其他两个色板,春季也使得浅夏的色彩稍显轻柔。作为浅夏的姐妹色板,冷夏与浅夏共享了"轻盈"和"凉爽"的特点。可根据你在

| 暖蓝 | 薰衣草蓝 | | 柠檬黄 | 淡粉 |
| 薰衣草紫 | | | | 淡蓝色 |

浅春　　　　　　　　　　　　　　　冷夏

浅夏型中的色彩三维度特征和本身的色彩倾向，从姐妹色板中借用一些色彩。

　　如果你更偏向浅春，那就选择浅春色板上更冷的色调，比如暖蓝、薰衣草蓝和薰衣草紫色。而如果你更接近冷夏，那就选择冷夏色板上更轻盈的色彩，如柠檬黄、淡粉或淡蓝色。

浅夏的中性色彩

　　对于浅夏而言，色彩选用的第一原则是轻盈，大面积使用深沉的色彩会与其基调相悖，就像冬季的色系在夏季中会显得格格不入，这正是由于夏与冬之间存在明显的界限。尤其是在面部周围的深色，会立刻掩盖皮肤的细腻和五官的精致，使人看上去显得沉重。

　　在挑选中性色时，浅夏型人可以选择深灰棕或深灰蓝等色调，如果把深夜的天空也当成一个调色盘，这些色彩在其中就属于最淡的墨色，而不是最深邃的墨色，既不突兀也不喧宾夺主，与其他淡雅色彩搭配时能营造出和谐而细腻的视觉效果。同时，虽然浅夏倾向于轻柔色调，但纯净的白色却可能过于鲜明和锐利，容易打破浅夏的柔和气息。更为恰当的选择是米色、浅灰色或浅冷棕色，这些颜色会更加有融合感。

浅夏要避免的颜色

　　浅夏的主要色彩特征是"冷"和"浅"，所以一定要避免又深又暖的颜色。除了黑色，其他深色如深紫、深绿、深蓝也不适用，过于饱和的颜色如橘红色、纯度高的明黄色，也会破坏浅夏自身"冷"的特质与色彩的平衡。简言之，色彩的选择应该强调浅夏型人清新、淡雅、偏冷调的颜色，避免选择过分强烈或深沉的色彩。

浅夏的配色

　　浅夏，介于色彩缤纷、生机勃勃的春季和清冷柔和的夏季之间，既包含春日的活力，又不乏夏季的清凉。浅夏色板在视觉上比冷夏和柔夏更为明快，带有更多的精致。浅夏色板上的多数颜色都是可以相互搭配在一起的，但维持浅夏特质的中低对比度的搭配，效果会更好一些。浅夏的最佳色彩组合方法有以下三种：

❶ 同色系搭配法： 例如将轻盈的浅蓝与中度蓝色相结合，既和谐又有层次感。

❷ 邻近色搭配法： 如将柔和的粉与淡雅的紫色搭配，会营造出一种微妙又温柔的协调。

❸ 中性色 + 亮色搭配法： 比如平衡的中灰色搭配一抹亮眼的玫瑰色，可以在满足相对正式的造型需求的同时保留一丝生动。

1. 同色系搭配法

2. 邻近色搭配法

3. 中性色 + 亮色搭配法

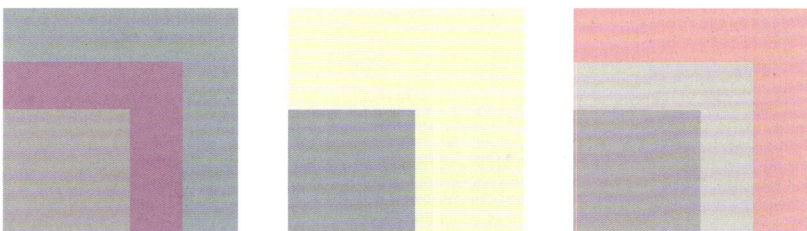

浅夏与浅春的比较

在季节色彩的世界里，浅春与浅夏是两个相似却各有特点的存在，像春日暖阳与夏晨清露，各有其温度与韵味。浅春的色彩，像是晨光中的金色与蜜桃色，带着一份温暖的气息；而浅夏的色彩，像是如梦如幻的蓝色与米灰色，则带着凉爽的清新。在色调的细微之处，浅夏的色彩仿佛蒙上了一层轻轻的灰雾，更显柔和淡雅；浅春则宛如春日里明媚的鲜花，色彩更加生动而饱满。

在人物气质上，浅春的人就像是春天里绽放的花朵，散发着青春的活力与无忧的笑容，有着邻家女孩的清新与纯真；而浅夏的人则如同夏夜里的月光，洋溢着仙气和神秘，如同清冷的月光下的纤弱少女，携带着一种脆弱而灵动的美。

在色彩选择上，浅春人与浅夏人都能驾驭高明度与低饱和度的色彩。浅春人倾向于那些暖色调的、充满生机的色彩，比如柔和的嫩黄、活泼的嫩绿、温暖的浅杏与浅橘，以及如同春天的第一抹阳光般的珊瑚色。相较之下，浅夏人更适合带有清凉感的、如同夏日清晨的微风般的粉蓝与粉紫。

浅春型　　　　　　　　　　　　　　　　浅夏型

浅夏型的造型风格

浅夏型的人，五官和眼神都是偏柔和的，自带着一种清新脱俗的美，同时聪颖伶俐、鬼灵精怪。其装扮不宜过于华丽繁复，否则反而会失去那份灵动感，太过用力打扮就会产生一点刻薄的精明感。珠光宝气和夸张的装饰只会掩盖其如水晶般清澈的气质，也会把柔美感打碎。

浅夏人的肌肤自带晶莹剔透、水嫩鲜亮的少女感。其底妆不能厚重假面，也不能浑浊暗沉，而是更适合透亮、干净的水光肌。眉形应柔和，不能过于刚硬或浓重，以保持其自然的灵动感。唇色，是表现浅夏人气质的关键，如珊瑚色、粉色或水红色，它们应该是透明且润泽的，用唇蜜或唇釉更能凸显唇部的娇嫩，而不宜采用哑光的质感。

在色彩搭配上，浅夏型人更适

合那些柔和而略带冷调的浅色。低饱和度且高明度的颜色，更能展现出他们干净而简洁的气质。至于发型，浅夏型人适合的是那些冷调的浅色系染发，发型要保留自然的纹理，既不能过于整齐刻板，也要避免削弱了他们天生的柔和感。

浅夏人的妆发造型

浅夏人的发型

在浅夏型人的世界里，发型是自然灵动之美的延伸，充满了少女的清新和活力。可爱的小卷发、童趣十足的双辫、装饰着蝴蝶结的甜美发式，以及看似随意却巧妙设计的丸子头，都是绝妙的选择。而自然披肩的长发，随风摇曳，更是浅夏型人随性而自然的最佳写照。在做发型时，浅夏型人应避免过于光滑贴合的背头，或是过分性感的大波浪卷发，这些可能会过度强调成熟的魅力，而忽视了浅夏型人特有的清透与灵气。

浅夏人的染发建议

在为浅夏型人选取染发色彩时应谨慎，要避免过于浅显或极具冲击力的色彩，如耀眼的金色、极端的奶奶灰或光彩夺目的荧光色。这些颜色可能会与浅夏型人自然柔和的气质不协调，显得过于突兀。染发的选择应倾向于含蓄而深邃、稍带神秘感的色调，如带有一抹灰调的玫瑰棕、深邃的灰棕色、沉静的蓝灰色，以及清新的冷茶棕色，这些颜色都能恰到好处地衬托出浅夏型人清透而冷雅的韵味。同时，尽可能地避免过分沉重和单一的纯黑色，以免压抑了浅夏型人特有的清新感。简言之，浅夏型人的染发色应恰当地融合冷静与柔和，既展现个性又不失和谐。

欧莱雅 Inoa 9.0	欧莱雅 Paris 7.5A	ALFAPARF 8.1 浅灰金	欧莱雅 7.1 深灰金
ALFAPARF 淡粉色	欧莱雅 Paris 玫瑰金		

■ 浅夏人化妆建议与指导

浅夏人并不适合深沉浓烈的欧美风格妆容，那样的色彩过于浓厚，会掩盖其独有的"浅"色调特点。浅夏人最适合清澈明朗、干净的少女感妆容，其精髓就在于自然灵动之美。眉形与眼妆应简约淡雅，眼线与睫毛需精细至极。

虽说浅夏人的妆容应该明亮纯净，但并非纯粹的"裸妆"效果，如果不使用任何彩度，只用大地色系，很可能会让人看起来像生病了。浅夏人的原生色彩是较为丰富的，需要使用恰当的色彩并提高明度来使其更加光彩照人。妆容可以唇妆为中心，采用清新的珊瑚色或桃粉色，透出水润光泽的唇釉比哑光唇膏更好，颜色上适度地拉开对比度，唇缘不需要过于强调，保持柔和模糊一点，就能衬托好气色与青春感。

正确妆容 ▶

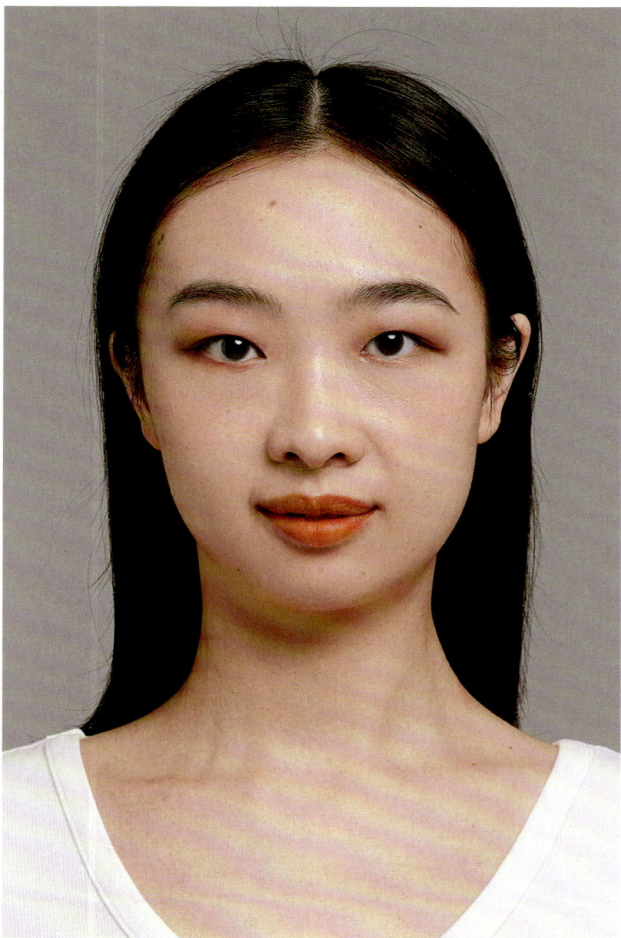

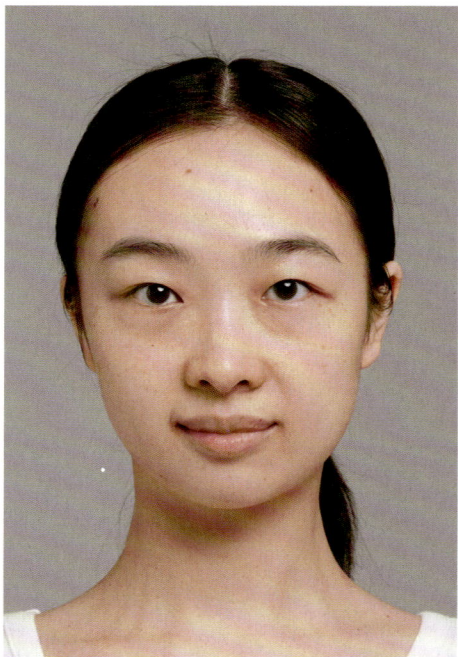

素颜 ▲

错误妆容 ▶

浅夏人的眼影

　　浅夏人适合的眼影色彩就像初夏晨光下的花瓣，以粉紫色系、淡蓝色系或是温婉的裸棕、奶茶色系为佳，这些颜色淡雅而不张扬。要避免过于暖和浓郁的色系，如充满热情的大地色或橘棕色系，因它们可能会与浅夏人天然的清凉气质相冲突。在眼影的涂抹上应当保持轻盈感，以营造出恰到好处的氛围感。睫毛和眼线的描绘应细致清淡，追求的是一种几乎看不见的轻盈自然的美感。

眼影选色

奶油米	浅灰褐色	浅骨白
浅粉紫	冷粉色	浅紫色
天蓝色	蓝绿色	浅海绿

眼影推荐

peripera
 # 09 Moonlike Lavender Pink

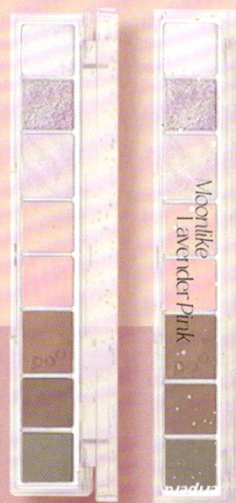

花王 *est*
 # 12

BBIA
 # 05 Blind Love

WAKEMAKE
 # 107 Pure Lavender

浅夏人的腮红

对于浅夏人来说，腮红不仅是彩妆的点睛之笔，更是营造自然生命力的关键。理想的色彩应当是低饱和度与高明度相结合的柔和色系，比如淡雅的粉紫色系、柔和的桃粉色系或是浅珊瑚色系。这些色调不仅能映衬出浅夏人肤色的清透，也能与其自然的气质相契合。腮红的涂抹要像羽毛一样轻盈，既不需过分强调轮廓，也不宜过于明显。让色彩自然地融入肌肤，带一点自然的红润光泽，这样的妆效对于浅夏型的人来说是最好看的。

腮红选色

腮红推荐

Jill Leen
 # Base 03

毛戈平
 # 806

Jill Leen
 # Base 01

Jill Leen
 # Base 02

浅夏人的口红

　　浅夏人的口红选择须遵循一条简明的规则：既不能选浓烈的大红色，也不能选平淡的裸色系。倒是柔粉色系、浅玫瑰色系、蜜桃色系这样的色调，能完美展现出浅夏人的清新与活力，如同少女般灵动而生机勃勃。选择具有水润光泽的唇蜜或唇釉，能为妆容增添一抹灵动的光彩，既符合浅夏人肌肤的清透感，又带着俏皮的时尚感和鲜明个性。

口红选色

玫瑰粉	柔粉色	裸粉色	浅玫瑰色
浅糖果粉	糖果粉	胭脂粉	洋红玫瑰
丝绒玫红	粉红蔷薇	珊瑚粉	珊瑚奶橘
嫩玫瑰色	紫玫瑰色	浆果色	

口红推荐

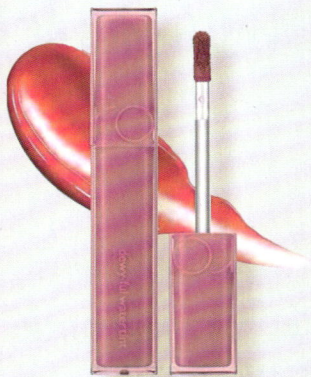

Rom&nd
 # 05 Taffy

YSL
 # 124

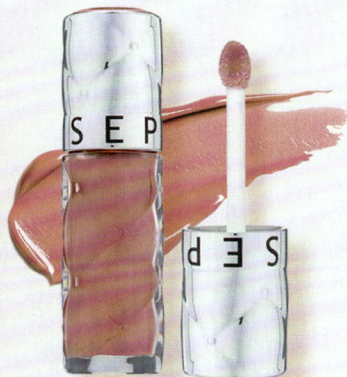

peripera
 # 21 Fluffy Peach

SEPHORA
 # 07

4.5
冷夏——素雅飘逸的仙女姐姐

冷夏型的季节印象

冷夏，这个季节自带清晨的凉爽气息，充满了静谧与清冷之美。冷夏人仿佛拥有天生的柔肤滤镜，给人以恬静而淡雅的美感，就像夏日初晨的微风，清新又恬淡。

从四季 12 型色彩轮盘图上的位置来看，冷夏型在饱和度与清晰度方面的都比较靠近"柔"的那一侧。常常有人说分不清冷夏和冷冬，我们可以通过带入画质分辨率的概念，来想象一下这两个季节的差异：若冷夏是一幅 480p 的影片，那么冷冬便拥有 720p 更清晰的分辨率。

在色彩的世界里，冷夏型人犹如一幅含蓄的水彩画，色彩柔和却不失清冷的氛围感。他们的色彩调性既不张扬也不刺眼，总是以一种低调的方式展现其独特的魅力，不像是炽热的阳光，而像是深海般宁静深邃的美。

冷夏人的色彩印象

在四季 12 型色彩轮盘图中，冷夏作为正统的夏季型，优雅地连接浅夏的柔和与柔夏的宁静，其反季节是线条分明的冷冬。冷夏与冷冬同属清冷系，但前者像是一层晨雾，更朦胧柔和，后者则带着锐利强烈的明暗对比。

冷夏人的气质纯净而文雅，如同轻浮水面的荷花，无需雕琢即能展现自然之美。浅夏人拥有在月光下清新脱俗的面庞，带有文艺感和书香气的灵魂，以及安静而温婉的气质，就像古籍中描绘的小家碧玉。其肤色通常是清冷的白皙，带有自然的粉红色泽，天生丽质，是素颜也好看的类型。"出淤泥而不染，濯清涟而不妖"，形容的就是冷夏人。

冷夏型的色彩就像清晨的天空，不带一丝燥热，只有淡淡的凉意和清新。冷夏型的人一定要远离暖色调，他们更适合选择冷调、低饱和度的色调。要避免太过鲜艳或过分灰暗的色彩，尤其要注意规避橘色调的暖色系。

在这样的色彩调性中，中等饱和度的蓝和灰蓝作为基础色，为冷夏型的人提供了像宁静海洋与广阔天空般的背景。这些颜色深浅适中，不仅与冷夏人的皮肤色调能自然融合，更能映衬出其内在清冷的气质。低饱和的灰粉色和梅子色也可作为同色系的搭配，宝石绿色可作为少量的点缀色，增添一些生动的层次感与天然的和谐感。

COOL SUMMER

冷＋浅

cool & light

*Cool
Summer*

夏
SUMMER

浅
LIGHT

冷
COOL

柔
MUTED

冷夏型的基因色彩特征

1. 肤色

冷夏型人的基因色彩几乎与暖色绝缘，其肤色带有微妙的灰蓝底色，没有明显的透明感，却有着牛奶般的温润，让人联想到磨砂玻璃的质感。黑发雪肤是冷夏型人的标志性特征，像一幅墨色与留白相间的中国山水画，有一种淡雅而神秘的美。在这样的色调之下，佩戴银饰会更加和谐，其能轻柔优雅地衬托着冷夏人的肤色，而金饰的温暖光泽却与这种肤色格格不入，可能会使肤色显得沉闷、暗淡。

正是由于这样独特的蓝色基调，冷夏型的人仿佛永远被笼罩在一片发青的氛围之中，有时甚至给人"面有菜色"的印象。这就需要在化妆上巧妙地运用色彩并采用适当的明度来提升整体的光泽和气色。

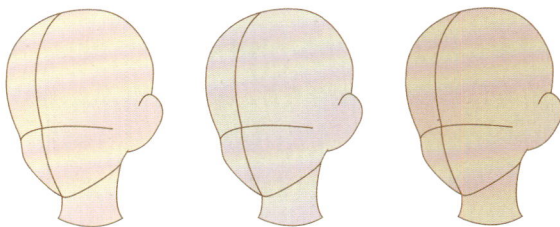

冷雪白　　　　裸豆沙色　　　　自然裸色

2. 眼睛

冷夏型人的眼睛通常是中性偏冷的色调，如柔和灰棕和茶色，瞳孔和眼白的交界处有时会泛起淡淡的蓝色，就像夏日清晨静静的湖面。冷夏型人非常适合佩戴冷调的浅色美瞳，例如浅灰、蓝调或绿调的美瞳，这些能完美地与冷夏型人的眼睛特色相融合。在眼妆的选择上，建议冷夏型人选用柔和、低饱和度的色彩，避免过于鲜艳或相互冲突的色调。这样的眼妆能够衬托出冷夏人眼睛的自然美，并与其整体气质和谐统一。

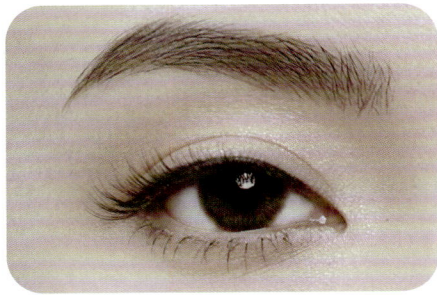

茶色瞳孔　　　　　　　　柔和灰棕色瞳孔

3. 发色

冷夏型人的发色就像深邃森林中的树木，在阳光下显现出独特的灰褐色和灰可可色调。这种发色融合了棕色的沉稳与灰色的柔和，在日光下散发出微妙的雾感的光泽。冷夏人并不适合过于深沉的黑发色，也不适合过于明亮或暖色调的发色，因为这些发色会与其自然的气质形成冲突，破坏其原本的优雅美感。

浅灰棕	灰棕色	深灰棕

4. 对比度

冷夏型人的发色较深，多数皮肤白皙，保持着一种中等程度的对比度，既不会过于强烈，也不会显得过于平淡，这恰到好处地展现了冷夏型人的独特气质。在五官的表现上，冷夏型人的立体感和量感也呈现出适中的特点。他们的面部既有明亮区域也有暗区，形成一种自然的光影效果，增强了面部的立体感。

这种独特的对比度和量感，为化妆和着装提供了重要的参考。冷夏型人在选择妆容和服饰时，也更适合这种中等对比度，选择既能突出自己特点又不过分夺目的颜色和风格，能营造出和谐且优雅的美感。

高对比度 ◀———————————— 中对比度 ————————————▶ 低对比度

深秋   冷夏   浅夏

冷夏型的用色规律

冷夏的完整色板

冷夏型，作为夏季季型中最原始的代表，拥有最标准且纯粹的夏季色板。这与其他夏季季型（如浅夏和柔夏）不同，它不受春季或秋季的影响，而是完全建立在冷色调的"蓝色"底色之上。冷夏色板的独特性正是由于所有色彩都严格围绕"蓝色"底色展开，几乎每一种色彩都隐含着冷调属性。在这个色板中，几乎看不到纯正的暖色，即便是微暖的浅珊瑚粉或暖杏色也不在其列。

冷夏的主要色彩包括自然冷蓝色、绿松石色和灰色，这些色彩既体现了夏季的清凉感，又展现了冷夏型人的沉稳与优雅，与冷夏型人的肤色、发色和瞳色形成了完美的和谐关系。作为中性色彩的冷紫棕色系和灰蓝色，为冷夏型人提供了优雅、和谐和低调的选择。明亮一些的色彩如粉色和紫色，为冷夏色板增添了活力和亮点。

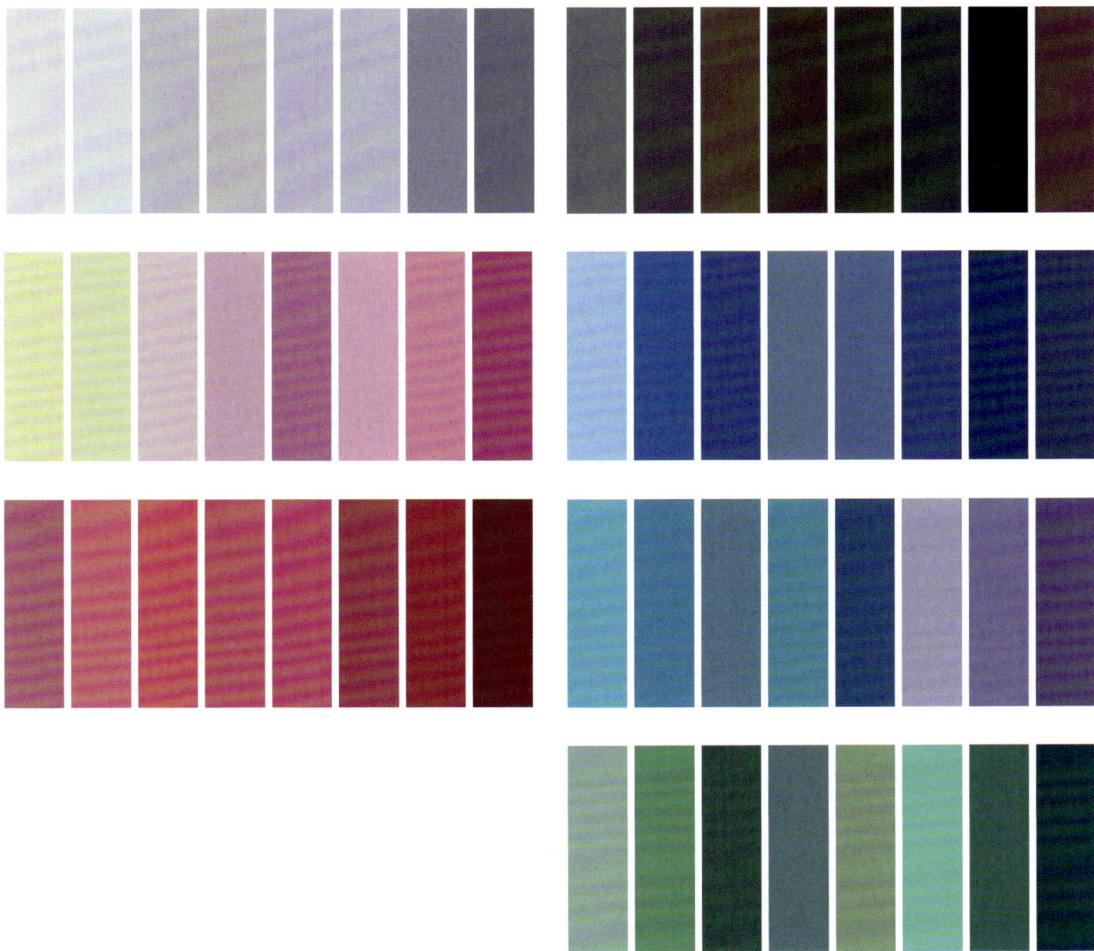

冷夏的色彩三维度

■ 1. 色调解析

冷夏色彩的核心在于其蓝色基调，这种基调为冷夏型人的色板赋予了一种独特的纯净和清新感。这种蓝调不仅代表着冷夏型的鲜明特点，也是其与其他夏季季型最大的区别。

相比之下，浅夏和柔夏季型则是在冷夏的基础上做出了微妙的变化。浅夏色板相对于冷夏来说，色彩更加温暖和明亮。这种变化使浅夏型人的色彩更加生动活泼，同时保持了夏季色板的轻盈感。

而柔夏，则是在冷夏的蓝调基础上加入了更多的暗度和柔和感。这种调整为柔夏型人带来了更加和谐且低调的色彩选择，与冷夏型的清冷感形成了鲜明对比。

可以将这三个夏季型的色板想象为一家人，冷夏色板作为标准和基础，而浅夏和柔夏则是在这个基础上进行了个性化的调整和演变，形成了各自独特的色彩风格。这样的变化不仅增加了夏季季型的多样性，也为不同个性的人提供了更多选择。

| 浅夏型 | 冷夏型 | 柔夏型 |

更暖更净 ←————————————————————→ 更柔更暖

■ 2. 明度解析

冷夏的色板中大多是中等明度的色彩，并不包括极深的色调。这种明度的范围使得冷夏型人的色彩既不会过于突出，也不会显得太过沉闷。如淡蓝、淡灰或浅绿松石色，为冷夏型人提供了清新和优雅的感觉。这些色彩在色环上的位置很近，多数都属于邻近色，能与冷夏型人的温和气质相契合。

同时注意，要避免使用极深的色彩，这是因为过于深沉的色调可能会与冷夏型人的自然特征形成强烈对比，影响整体的和谐感，甚至会使其显得过于沉重和成熟。保持明度在中低等的范围内，才能刚好吻合冷夏人自身的基因色彩，静谧、优雅又带有一种柔美的平衡。

■ 3. 饱和度解析

冷夏型色彩的饱和度处于中等水平，倾向于更柔和的一侧，这种特性赋予了冷夏色板一种独特的灰调感。这种饱和度既保留了色彩的自然美感，又避免了过于鲜艳或过于暗淡的极端。

与浅夏相比，冷夏的色彩带有更明显的灰调，这种灰调的加入使得冷夏的色彩更加优雅和低调。冷夏型人在选择服饰和妆容时，应考虑到这种中等偏柔和的饱和度，选择那些带有一定灰度的颜色，如柔和的蓝色、灰绿色或灰紫色，可以更好地与其天然的色彩特征相协调。

冷夏的姐妹色板

冷夏是标准的夏季色板，与浅夏相比，冷夏的色彩更冷、更柔和且显得略暗一些。与柔夏相比，冷夏的色彩则稍微明亮，更冷且略为轻盈，不像柔夏那样有褪色感。作为冷夏的姐妹色板，浅夏和柔夏分别共享了冷夏的特点：冷色调和柔和。

在应用的时候，可以根据你在冷夏型中的色彩三维度特征和本身的色彩倾向，从姐妹色板中借用一些色彩，因为它们与冷夏的色彩是非常接近的。如果更倾向于浅夏，可以选择浅夏色板中较明亮的色彩，比如天空蓝、紫罗兰紫和海蓝绿。如果更倾向于柔夏，可以选择柔夏调色板上相对更柔和的色彩，比如马林蓝、暴风蓝和玫瑰灰粉。

| 天空蓝 | 海蓝绿 | 玫瑰灰粉 | 暴风蓝 |
| 紫罗兰紫 | | 马林蓝 | |

浅夏　　　　　　　　　　　　　　　　　柔夏

冷夏的中性色彩

冷夏型人自身所具有的柔和特质，使得纯黑色（典型的冷冬色）对其来说并不适宜。纯黑色的强烈与深邃，容易与冷夏的柔和气质形成过于强烈的对比，从而使人显得沉重、不自然，甚至可能显老。

在选择中性色彩时，冷夏人更适合选择带有灰色调的柔和色彩，如灰蓝、紫棕色或中性灰。注意应优先考虑那些既能突出冷夏人独有的清新气质，又不会过于突兀的色彩，如淡灰蓝、淡紫色等，这些色彩既柔和又有清新感，同时也不会过于压制其自然轻盈的优雅气质。

冷夏要避免的颜色

冷夏型的核心特征在于冷色调和柔和质感，因此，在选择色彩时应特别避免暖色调和过于清晰鲜明的色彩。例如，温暖的橘色或大地色系，这些色彩会与冷夏人自然的清冷气质形成强烈对比，看上去也会不协调。

同样，高饱和度的黑色和其他深色调也应谨慎选择。虽然这些色彩在某些情况下可能显得利落和优雅，但对于冷夏人来说，它们往往过于强烈，容易压制冷夏人天生的柔和气质，使其整体形象显得沉重。

冷夏的配色

冷夏型人天生带有一种清冷而优雅的气质，纯正的冷调色彩能够完美地映衬冷夏型人的肤色，带来一种宁静、柔和的感觉。其他的常用配色，如烟粉色、淡紫色、灰蓝色、玫瑰粉，它们都属于带有较明显的蓝色基调的冷色系，蓝色系可以说是冷夏型人的"本命色"。以下几种常见的色彩搭配公式都能完美地诠释冷夏的色彩特征：

❶ **同色系配色法：**采用这种方法可以创造出一种和谐的清冷效果。比如，选取同一色相的不同明度，如饱和度中等的深蓝和柔和的雾霾蓝，搭配在一起就是冷夏人最经典的色彩形象。

❷ **邻近色配色法：**像薰衣草色与淡冷粉色的搭配，两者在色轮上紧密相邻，能够营造出一种宁静的视觉效果，只要同时保持中低对比度，看起来就优雅又和谐。

❸ **中性色＋冷色强调色配色法：**浅灰色是夏季人的常用色，将其与相似明度的玫粉色相配，可以实现一种视觉上的平衡，在整体造型中创造一种视觉重点。

1. 同色系配色法

2. 邻近色配色法

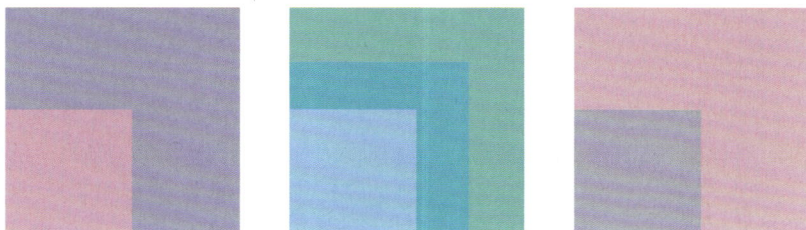

3. 中性色 + 冷色强调色配色法

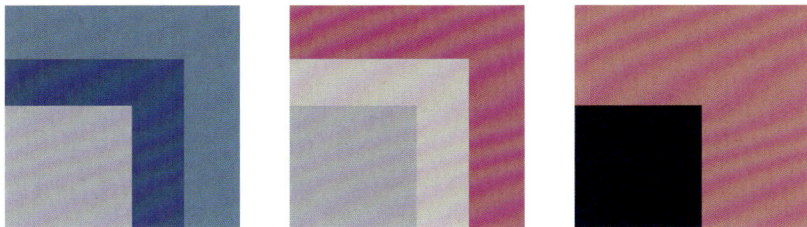

冷夏与冷冬的比较

　　冷夏和冷冬季型的人都属于纯冷型，以"冷"作为主要特征，这使得他们几乎不适合暖色调，其肤色多为冷皮或橄榄皮，容易显现出冷色调的特点。在妆容方面，冷夏人更适合裸妆或近似素颜的妆效，强调自然之美；而冷冬人则更适合突出眉毛和眼线的清晰线条，以及鲜明的红唇，展现一种明显的高对比度美。

　　两者最大的区别在于"清晰度"和"对比度"两方面。冷冬人拥有较高的原生对比度，面部特征清晰明显，眼睛黑白分明，能够轻松驾驭浓重的妆容和鲜艳的色彩。相比之下，冷夏人的色彩饱和度相对较低，皮肤带有灰色调，五官给人一种轻柔雾化的感觉，最适合淡雅妆容，甚至是近乎素颜的自然妆。

　　在色彩选择上，冷夏人更适合雾蓝色、带灰调的白色等柔和色调，而冷冬人则能完美驾驭宝蓝、玫红、纯白色等高饱和度高对比度的色彩。在使用黑色时，冷夏人易显老气，而冷冬人却能完美驾驭。在妆效方面，冷夏人适合以哑光柔雾效果营造出自然柔和的美感；冷冬人则可以增加一些高光感或亮晶晶的元素，以强调其清晰和高对比度的特点。

冷夏型

冷冬型

冷夏型的造型风格

　　冷夏型人，天生带着清冷纯净的气质，就像印象中的校园女神和"白月光"，带着初恋的纯真和文艺青春的梦幻，就像古代诗词中描绘的小家碧玉，其以温婉恬静和优雅端庄的气质成为了现实生活中的人间仙子。

　　在妆容上，冷夏型人应遵循简约的原则，使妆前、妆后仅产生微妙的变化，保持一种清新自然的美。妆容应淡雅，以均匀提亮肤色为主，追求一种干净、清新的美感。口红成为了冷夏人全脸最明显的色彩，最适合采用自然的珊瑚色或雾面柔焦感的玫瑰豆沙色系。

在服装选择上，直线条的设计，如简约的衬衫、轻薄的西装和高领羊绒衫，都是冷夏人的理想选择。这些服装设计不仅能凸显冷夏人纤细的骨感美，也能衬托其高雅、温婉、纯净的气质。露肩、挂脖或斜肩的款式都是适合冷夏人的，但过于裸露的设计不太适合，因为这会破坏其自然的清雅和纯净感。

冷夏人的妆发造型

冷夏人的发型

冷夏人最理想的发型是保持自然的黑色长直发，自然微卷的发型也同样适合，能够为其整体造型增添一丝灵动与轻松感。此外，蓬松自然的公主头或低扎发都是冷夏人可以尝试的发型，能够强调其天然的柔和与优雅。灵动空气感的丸子头同样适合冷夏人，能让整体造型维持轻盈和纯净。

需要注意的是，冷夏人应避免过于华丽或成熟的打扮，如复杂的卷发或太过强烈的大红唇，这些可能会与其天然的柔和气质形成对比，从而破坏整体的和谐感，也会使人显得过于成熟。

冷夏人的染发建议

对于冷夏型人来说，在选择染发色时，应遵循保持自然的原则，最好保持原生的黑色发色，避免选择过于明亮或对比度过高的颜色，尤其是偏黄色调的颜色。中性灰棕和自然黑色等深色调，以及带有玫瑰色的冷棕色都是较为理想的选择，这些发色能与冷夏人的天然发色和谐相融，还能保持整体造型的恬淡优雅。

| 欧莱雅 PARIS 4.14B | 欧莱雅 PARIS 3 巴西利亚深棕 | 施华蔻 3.222 深灰棕 | 欧莱雅 PARIS 200 深黑棕 |

冷夏人化妆建议与指导

冷夏人可以说是 12 个季型里妆容最"清淡"的类型了，冷夏人不适合浓重的欧美风格妆容、具有强烈创意元素的妆容或太浓郁的妆容。这些过于浓烈的色彩和妆感会破坏冷夏人的清冷气质和优雅端庄。同时，冷夏人也不能完全素颜，适当提亮气色和均匀肤色是妆容的关键，好好地处理底妆尤为重要。

眼妆方面，建议使用精致干净的睫毛和眼线（也可以选择不画眼线）来打造眼部的清晰轮廓。眼影的处理应避免大地色系的大面积叠加，以防显得浑浊，更适宜选择浅一些的哑光珊瑚色或干枯玫瑰色调，确保眼妆的晕染均匀且干净。在腮红的选择上，适合冷夏型人的是低饱和度的哑光质地淡玫瑰粉或淡紫色系腮红，既有清冷感又不失优雅。口红适合自然珊瑚色、雾面柔焦的干枯玫瑰色或豆沙色系。

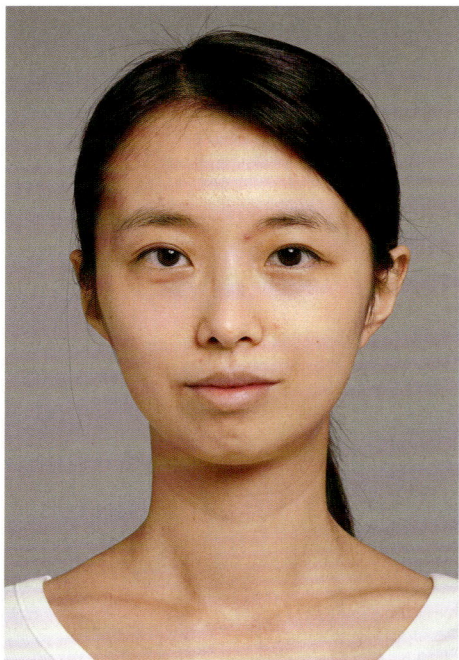

素颜 ▲

正确妆容 ▶

错误妆容 ▶

冷夏人的眼影

对于冷夏型的人而言，眼影色彩的选择应当既能体现其清冷的色调特征，又要保持整体妆容的优雅和轻盈。理想的眼影色彩是那些低饱和度、冷色调的柔和色系。因此，要选择浅淡、清冷的色系，像是偏冷的玫瑰色系、豆沙红色系、中性浅棕色系，都可以很好地衬托冷夏人的皮肤色调，同时强调其自然的优雅和清冷气质。眼线和睫毛也要淡化，避免选择过于浓郁或带有暖色调的大地色系，越多的叠加越容易显脏。

眼影选色

眼影推荐

SUQQU
11

橘朵
14

3CE
Auto Focus

Lunasol
03

冷夏人的腮红

冷夏型人理想的腮红色彩是低饱和度、带有冷色调的柔和色系。例如，冷粉色系、淡玫瑰粉色系或淡紫色系的腮红，不仅能够与冷夏人的肤色和谐相融，还能增添一抹自然的清新感。要注意选择哑光质地的腮红，避免过于闪亮或夸张的效果，才能保持整体妆容的优雅和内敛。也要注意避免选择过于鲜艳或带有暖色调的腮红，如明亮的桃红或橘色，这些色彩和冷夏人自身的肤色很难融合，看上去不协调。

腮红选色

腮红推荐

花知晓
天仙子

xixi
02

橘朵
43

PASTEL BLUSHER

A'pieu

A'pieu
VL 02

冷夏人的口红

　　对于冷夏型的人来说，口红色彩的选择应该突出其天生的清冷气质和优雅风格。最佳的口红色系是那些低饱和度、带有冷色调的柔和色系，例如低饱和度的玫瑰色系、带紫调的粉色系、莓果紫红色系。在涂抹口红时，要多运用晕染手法，不需要过于整齐，反而可以创造一种自然的、轻柔的效果。

　　在选择口红质地时，哑光或半哑光的质地更为适宜。避免选择过于鲜艳或带有明显暖色调的口红，如强烈的红色或橙色口红，也不宜选择油油亮亮的唇釉、唇蜜，因为冷夏人的基因色彩特征已经由光面走向雾面了。

口红选色

婴儿粉	玫瑰粉紫	柔粉色	玫瑰酒
糖果粉	丝绒粉	柔玫瑰色	树莓紫
浅紫色	冷紫色	深紫色	深洋红色
泡泡糖深粉	紫红色	浆果色	

口红推荐

dasique
02 Maple Latte

Gucci
204

YSL
N12

Dior
625

4.6
柔夏——纤柔慵懒的骨感仙女

柔夏型的季节印象

柔夏，它携带着夏天的清新沉静与秋天的典雅贵气。在四季 12 型色彩轮盘图中，柔夏位于最底端，是一种低饱和度、低对比度的柔和、优雅的色彩组合，含蓄内敛。在柔夏的色彩世界中，我们看到的是一系列低饱和度、带有微妙灰度的色彩。想象一下，在标准的夏季色板上，轻轻地洒下了灰尘，好像微微褪色的感觉，让人联想到莫兰迪画作中的色彩。柔夏也是夏与秋的一个过渡，它比冷夏更加柔和，比柔秋更加清冷。

在这个色彩世界中，柔夏还带有一种神秘的美感。它就像是蓬莱仙境中的海市蜃楼，海面上弥漫着轻薄的雾气，朦胧而梦幻。这种美，是冷夏的仙气和柔秋的雾感共同交织而成的，有一种烟波浩渺、看不清的神秘美感，静谧又雅致，真实又虚幻。

柔夏人的色彩印象

柔夏，处于冷夏与柔秋之间，是夏季色调中最柔和的体现。柔夏给人的感觉轻盈而淡漠，仿佛毛茸茸的、雾蒙蒙的，飘逸而暧昧。它就像香炉中缓缓升起的青烟，轻柔地在空气中萦绕，时而凝聚时而疏离，带来一种朦胧迷离的美感。这就如同中国水墨画中那种虚无缥缈、轻飘飘的悠远意境。

柔夏型人仿佛开启了柔焦滤镜，展现出温柔娴静、柔和低调的气质，散发着优雅且有层次的氛围感，并且有着亲和力十足的特质。柔夏人的美不是第一眼就能抓住你眼球的美，而是那种需要你长时间细细品味的美。其五官不是锋利分明的，而是清秀柔和的，完全没有攻击性。柔夏人的皮肤呈现哑光、磨砂质感，适合低调而有氛围感的妆容。因其本身为哑光皮肤，所以素颜时可能缺乏气色，其皮肤色调中性偏冷，常见的是橄榄调肤色。底妆对于提亮气色、均匀肤色至关重要，是化妆时不可或缺的。柔夏人适合的妆容风格与柔秋相似，都是低调而富有氛围感的。

柔夏型的人要远离高饱和度的色彩，应选择冷调、低饱和度的色彩，展现出柔和而不失层次的美感。应避免过于明亮或深沉的色彩，特别是热烈的橘色调和其他暖色系。

在柔夏人的色彩世界里，低饱和度的蓝和灰蓝色是其衣着的理想基础色，像清晨轻抚过湖面的柔风，内敛而淡雅。淡淡的灰色和云雾般的中性色则稳重而又低调，为柔夏人的着装提供了柔和的基调。而淡粉色或淡紫色可以作为微妙的点缀色，它们也能与其他色调和谐相融，增添柔和的层次与自然的协调感。

SOFT SUMMER

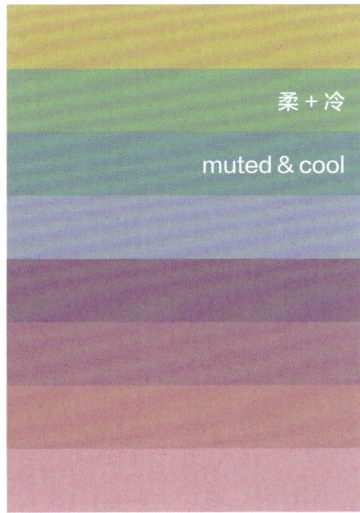

柔＋冷

muted & cool

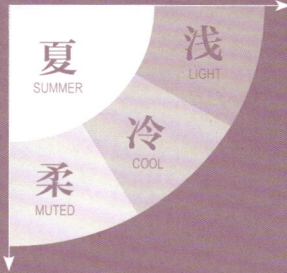

Soft
Summer

夏 SUMMER
浅 LIGHT
冷 COOL
柔 MUTED

柔夏型的基因色彩特征

■ 1. 肤色

柔夏型人的皮肤像是淡雅的画布，通常呈现出中性偏冷的浅米色。在柔夏人的肤色中，也不乏那些带有一丝灰度的橄榄色调。其肤色的明度覆盖了从较高到中等的范围。柔夏型人的肤质就像细腻的磨砂玻璃，散发出一种柔和而不刺眼的光泽，因此底妆也应该避免油光或水光亮泽感，选择哑光效果更适合这种独特的肤质。

在佩戴饰品方面，柔夏型人可以自由选择金饰或银饰，银饰会更加突出柔夏型人的肤色，为其整体造型增添一抹自然流淌的光泽，淡淡的，却足以吸引所有目光。

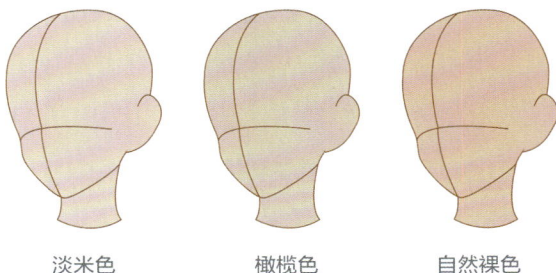

淡米色　　　　　　橄榄色　　　　　　自然裸色

■ 2. 眼睛

柔夏型人的瞳色通常呈现为冷棕色或深邃的黑灰色，眼白中泛着淡蓝色光晕，带有一种温柔的力量。其眼睛的边界并不鲜明，不像冬季人眼睛的锐利或春季人眼睛的明亮，而是有一种更加柔和、模糊的美。

对于美瞳的选择，柔夏型人更适宜那些带有灰棕感或玫瑰棕色调的款式，这些色彩能够和他们天然的瞳色和谐相融，如果美瞳带着类似破碎玻璃的纹理，更能增添一种独属于柔夏人的美感。

冷棕色瞳孔

黑灰色瞳孔

■ 3. 发色

　　柔夏型人的发色就像夏末的晨雾，自然地散发出一种柔和的灰色光泽。在温暖阳光的照耀下，灰棕色的头发显得更加柔和，像覆上了一层细腻的灰霜，几乎看不到黄或红的色调。其发质多半偏柔软细腻，易于打理。

　　在选择染发色彩时，柔夏型人要远离过于浓重的黑色，应选择更能与其肤色相协调的自然黑色或是中性棕色系。如果要尝试浅发色，可选择那些含灰色调的颜色，如灰蓝或灰紫，能衬托出柔夏人的季节特质。

深灰金	浅灰棕	灰棕色	深灰棕

■ 4. 对比度

　　柔夏型人面容的线条与色彩温和而含蓄，没有锐利的边缘和激烈的明暗对比。其发色、眼睛和肤色之间的过渡自然流畅，面部的阴影和轮廓不会过于明显。整体来看，柔夏型人的对比度较低，不会明亮刺目，更多的是柔和美感。

高对比度 ← 　　　　　中对比度　　　　　 → 低对比度

净冬　　　　　冷冬　　　　　柔夏

柔夏型的用色规律

柔夏的完整色板

　　柔夏型的色板像是一幅描绘着夏末清新雨后景象的画作，让人想起那些带着凉意、空气中弥漫着淡淡雾气的早晨。这时的天空，像是被秋风轻轻拂过，暑热渐渐散去，秋天的脚步悄然而至。色板上的颜色，温柔而又带有一丝神秘感，如同那朦胧的晨雾中隐约透出的色彩。这些颜色，多半属于冷色系，也有少量接近中性调的暖色，当冷暖相遇时，它们凭借自身的低饱和度而和谐相生，彼此交融而不争，就像是夏天的清凉结合了秋天的温柔。

　　柔夏色板的首要特质是"柔"，其次才是"冷"。它虽然倾向于冷色系，但整体氛围并不过分地冷。在这个色板中，以蓝色为底的色调更为常见，即便是色板上的黄色，也带有一种冷调的蓝色光泽，而不是热烈的阳光黄。从蓝到粉，再到紫与灰，每一个颜色都是对蓝色的柔和延展，它们共同组成了柔夏的色彩画面。

柔夏的色彩三维度

1. 色调解析

在探究柔夏的色彩时，我们首先要了解其核心特征是一种柔和的冷调，这种冷调使人几乎在柔夏的每一缕色彩中都能感受到一抹"蓝"的韵味。冷夏色板携带着这样的蓝调基础，为我们提供了一个清新凉爽的视觉起点。

将这一基础延伸开来，我们发现浅夏的色板在温暖度和明度上都略高于冷夏，它给人的感觉如同阳光下波光粼粼的水面，明亮而活泼。而柔夏，相较之下，则如同夕阳后的天空，色彩更显暗淡，同时带有一种更为柔和、更为细腻的美感。

柔夏、柔秋的色板都是在冷夏的蓝调基础上，通过细微的色彩变化和调整，展现出各自独特的个性和风情。特别是柔夏的色板，就像是在冷夏的清晰轮廓中加入了一片柔和的阴影，使得色彩更加内敛和淡雅。

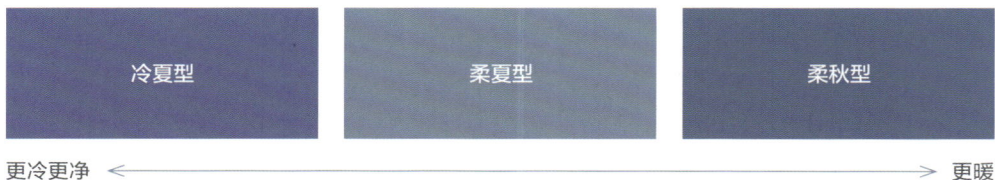

冷夏型	柔夏型	柔秋型

更冷更净 ←———————————————————→ 更暖

2. 明度解析

在明度上，柔夏型的色彩保持在一种中等偏低的明度，仿佛是被薄雾轻轻笼罩的景色，透出一种朦胧而柔和的美。这种明度给人一种温柔的安静感，就像是夏日傍晚微光下的宁静海面，柔和而不刺眼。

3. 饱和度解析

在饱和度上，柔夏色调同样展现出一种低饱和度的特性，似乎经过了柔化处理，不含有过多的强烈色彩，而是更趋向于含蓄与优雅。这种低饱和度的色彩既不突兀也不会过于平淡，而是恰到好处地平衡了彼此之间的过渡，让整个视觉感更加和谐统一。

柔夏的姐妹色板

柔夏在四季 12 型色彩轮盘图上位于冷夏与柔秋之间。它更靠近秋天的一端，其颜色比冷夏更柔和、更温暖、更暗淡。与柔秋相比，柔夏的颜色更冷，带灰色调，但在其他方面是很相似的，色彩都是中等的明度和低饱和度，这两个季型的人甚至在很多时候可以共享衣橱。

作为柔夏的姐妹色板，冷夏和柔秋分别共享了柔夏的冷调和柔和的特点。当你在为服装选色时，可根据你在柔夏型中的色彩三维度特征和本身的色彩倾向，从姐妹色板中借用一些颜色。如果你更倾向于冷夏，那么，可选择冷夏色板上更柔和的颜色，如紫罗兰、淡薰衣草或暖蓝。如果你更倾向于柔秋，那么可选择英式庄园蓝、海浪绿或黄昏蓝。

紫罗兰	淡薰衣草
暖蓝	

冷夏

海浪绿	黄昏蓝
英式庄园蓝	

柔秋

柔夏的中性色彩

柔夏色调，以其名字中的"柔"为灵魂，对色彩的选择有特别的要求。在这个温和的色彩体系中，纯黑色，这个属于冷冬的色调，就显得过于强烈和深沉，与柔夏的特质相违背。如果想要在装扮中引入黑色的元素，可以选择带有一丝灰色的深棕色作为替代品。这种颜色既保持了深色的庄重，又赋予了造型一种轻盈与柔和，是柔夏色板中可用的最深的中性色。

同样地，纯白色，这个清冷的冬季色调，对于柔夏型人来说也过于锐利和突兀。在柔夏的色板上，更适合的浅色中性色是浅灰色、沙色及柔和的灰棕色。这些色彩柔和而不失层次，它们既能衬托出柔夏人肤色的清新，又不会过于抢眼，能保持整体造型的和谐与优雅。

柔夏要避免的颜色

柔夏型人的色彩以一种细腻温和的冷调为底色，这要求他们在色彩的选择上要远离那些极度鲜亮或极暖的色彩。除了要避免纯正的黑与白，还要避免极其鲜艳饱和的色彩，如亮眼的芭比粉色和宝蓝色。这些高度饱和的色调会打破柔夏所独有的温柔氛围，将柔夏型人的天然优雅淹没。同样，那些具有炙热感的温暖色彩，如橘红色或深邃的大地色调，也与柔夏型人的清冷优雅气质相悖。

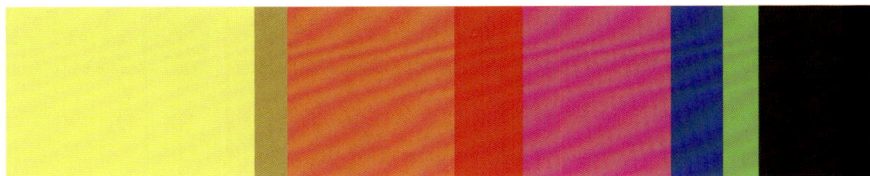

柔夏的配色

柔夏色板中的绝大多数色彩都能和谐地相互搭配，以下几种常见的色彩搭配公式都能完美地诠释柔夏的色彩特征：

❶ 同色系配色法： 采用这种方法可以创造出一种细腻柔和的效果。比如，选取同一色相的不同明度，如不同深浅的雾蓝色，或不同深浅的粉紫色。

❷ 邻近色配色法： 如将豆蔻绿与偏黄的淡草绿色相搭配，两者在色轮上紧密相邻，只要保持低对比度，这样的组合就能呈现出和谐统一感。

❸ 中性色 + 冷色调强调色配色法： 灰色系是夏季人的常用色，与中低饱和的烟熏玫瑰色相配，可以实现一种视觉上的平衡，在整体造型中创造一种视觉重点。

1. 同色系配色法

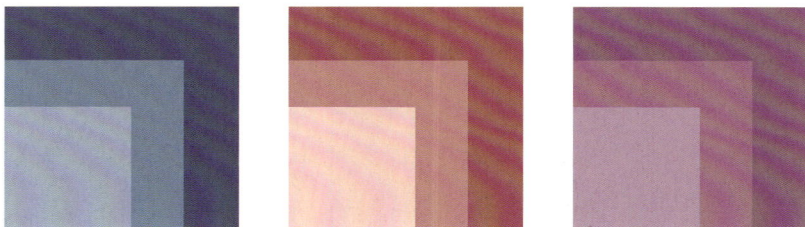

2. 邻近色配色法

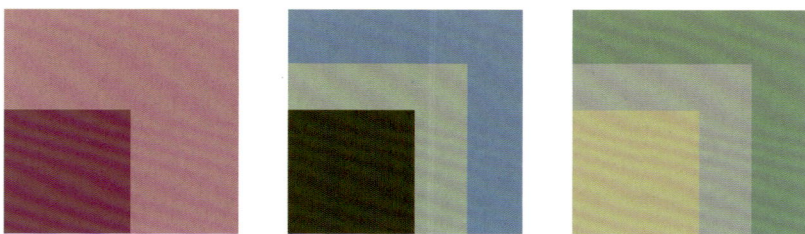

3. 中性色 + 冷色调强调色配色法

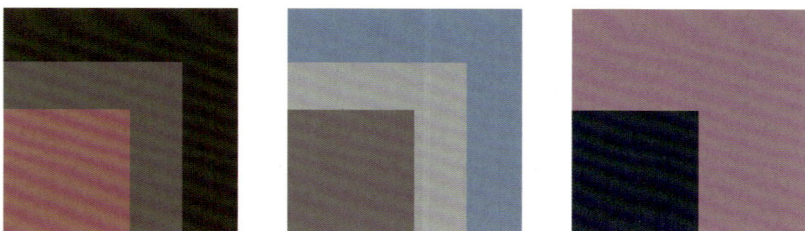

柔夏与柔秋的比较

柔夏与柔秋如同两幅温柔的画卷，它们仿佛都透过了柔焦镜头，展现出一种非攻击性的、充满亲和力的美。这两个季型的人都流露出一种自然随性、温婉知性的气质。由于其色彩的对比度不强，饱和度也偏低，所以面部的光影效果较为柔和，五官、肤色、发色与瞳色的协调性极高，光线的变化对于肤色的影响显著。这两种季型的人给人的整体感觉像是被一层轻柔薄雾包围，与清晰、锐利的净型人形成鲜明对比。柔型人的美是如同雾中望花、水中观月的朦胧，有一种浑然天成的美，相反，净型人的美则清晰且艳丽。

在色彩的选择上，柔型人应追求温柔淡雅的色彩，选择柔和的材质，营造一个雅致柔和的氛围。他们天生适合低饱和度、中等明度的色彩，其中柔夏的色调相较于柔秋来说略显清浅。同色系的搭配对他们来说是最常用的方式，而大面积黑色的使用则应当尽可能避免，过多的黑色可能会让柔夏型人显得沉闷。柔夏的美好似冰淇淋蛋糕般清爽，而柔秋则如同奶油蛋糕那样醇厚。柔秋型人的肤色如同秋季的其他成员一般，带有灰调，素颜时可能显得无光泽，需要适当用口红来增加活力。柔夏的色板倾向于蓝灰色调，而柔秋则是黄棕色调的展现。这两个季型由于是过渡季型，对于冷暖属性不是非常敏感，因此可以相互借色。

在光泽的运用上，秋季型人比夏季型人拥有更好的掌控力。秋天的闪亮如同夕阳余晖洒在湖面上化作的星河，而夏季的闪亮则似月光下稀疏的星辰。但无论是柔夏还是柔秋，在闪光的运用上都应保持克制，避免过分亮闪的效果遮掩其自身天然的风格。

 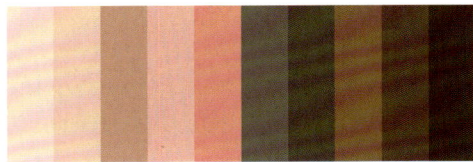

柔夏型　　　　　　　　　　　　　　　　柔秋型

柔夏型的造型风格

柔夏给人的感觉轻盈而淡漠，仿佛覆盖着一层柔软细腻的毛绒，带有雾蒙蒙的朦胧和飘逸的暧昧。这就像香炉里缓缓升起的青烟，在空气中缭绕，时而凝聚时而疏离，充满朦胧迷离之美。

符合"柔"特质的人，面容柔和朦胧，发色、瞳色和肤色之间缺乏鲜明对比，仿佛都笼罩在一层淡淡的灰色调中，他们穿着柔和雅致的混合色灰调服饰格外有韵味。

高饱和度的色彩会掩盖柔夏人本身的特质，衣服与人的冲突过于激烈，有时在气质上显得不协调，甚至出现"衣服穿人"的问题。柔型人适合的颜色是柔和雅致、中等深浅的色彩，纯度不高，每种颜色中都有一丝灰色的底调，例如莫兰迪色这种朦胧且略显浑浊的颜色。就服饰材质而言，柔软、哑光或微光泽的面料是理想选择，而硬朗的剪裁和过于闪亮的材质或配饰则应避免。

柔夏人的妆发造型

柔夏人的发型

冷夏人适合的黑长直发和冷冬人适合的大光明盘发，对柔夏型人来说，容易显得拘谨和生硬，掩盖住柔夏人的温柔气质。柔夏人的发型关键在于线条的柔和与自然。不管是长发还是短发，都要避免过分整齐或刻板，而轻盈的刘海、随性的鬓角碎发、微卷的发梢，以及刻意制造的不整齐，都能显得柔和自然。

柔夏人的染发建议

柔夏人特别适合那些既冷又柔和的发色，色彩的饱和度不宜过高，例如玫瑰棕色、亚麻灰色、灰棕色，这些颜色没有明显的黄棕调，能与柔夏人的基因色调很好地融合。

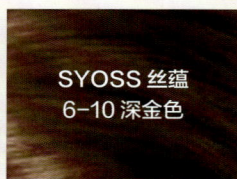

ALFAPARF 奥帕夫
7.12 中亚麻紫灰

SYOSS 丝蕴
6-10 深金色

欧莱雅
7.23

欧莱雅 PARIS
7.1 深金棕灰

ALFAPARF 奥帕夫
11.21 紫灰色

施华蔻
U72 灰银色

柔夏人化妆建议与指导

柔夏型处于季型轮盘的底端，代表着温柔娴静、低调静谧的气质。柔夏人的肤色特征是"白净"，皮肤偏哑光，肤色冷调偏中性。对于柔夏型人来说，底妆的选择至关重要。提亮肤色、均匀肤色不仅能衬托出他们自然的气色，还能增添微妙的氛围感。这种妆容与柔秋很类似，存在感不高，但却能创造出恰到好处的妆容风格。柔夏人更适合中性偏冷的色调，特别是能衬托出其自然肤色的橄榄色调。整体上，他们的妆容造型倾向于低调的优雅，强调的是一种从容不迫的美。

柔夏型人的妆容以"有色无形"的氛围感妆容为主，要避免强烈对比和高饱和度的色彩。五官不应画得过于立体或深邃，而应强调自然的氛围感。眼影宜选择雾面的裸棕、玫瑰、豆沙或肉桂色系，眼线细致、轻微上挑。唇妆以咬唇妆或渐层唇妆为佳，模糊唇边界。腮红应选哑光质感，大面积自然晕染。眉毛保持自然毛茸感，眉峰柔和，优雅地修饰脸型。整体妆容应遵循"相反线条法"，以自然流畅的线条减少棱角感，增强柔夏人的温婉气质。

正确妆容 ▶

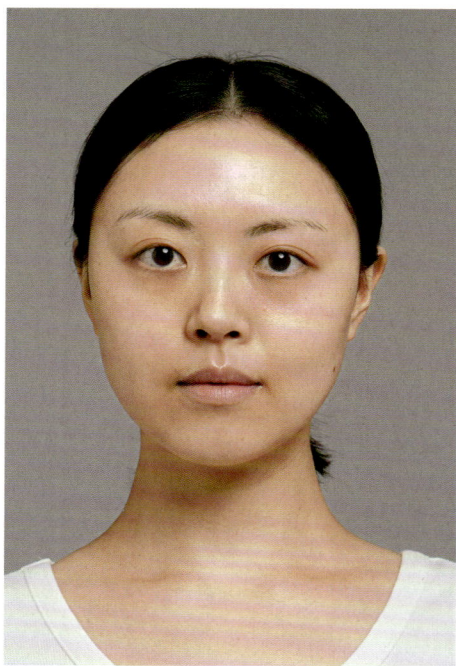

素颜 ▲

错误妆容 ▶

柔夏人的眼影

　　柔夏型人的皮肤具有一种独特的磨砂玻璃一样的哑光质感，所以在眼妆上，他们应选择低饱和度的莫兰迪色系，这些颜色低调而层次丰富。在妆容的细节处理上，线条不宜过于锐利或显眼，而应强调柔和感，就像水彩画中颜色自然的过渡，轻柔又淡雅。眼影选择雾面的灰棕色系、低饱和度的玫瑰和粉紫色系，眼线细致且轻微上挑，睫毛强调干净和根根分明。应避免使用黑灰等重色系眼影，以免显得沉闷和有压迫感。

■ 眼影选色

青灰色	骨白色	紫灰色
暗粉紫色	深玫瑰色	浅暖粉
青石蓝	铁灰蓝	冷铁棕

■ 眼影推荐

3CE
Auto Focus

hince
V002

BBIA
07

Dior
002 Cool

柔夏人的腮红

　　柔夏人具有磨砂质感的皮肤和自然雅致的中性偏冷肤色，在选择腮红的时候要与这样的肤质和肤色特点相契合。对于柔夏人而言，最适宜的腮红色调是那些具有哑光或轻雾质感的颜色，例如低饱和度的中性粉色系、玫瑰色系和冷奶茶色系。这些颜色低调而优雅，与柔夏人低饱和度和中性冷调的基因色彩特征完美融合。在画腮红的时候，注意要"画色不画形"，可以大面积自然晕染开，强调氛围感，而不用特意画出清晰的形状。

腮红选色

腮红推荐

花知晓
相见欢

酵色
N01

Dior
361

植村秀
M345

柔夏人的口红

　　柔夏型人最适宜的口红色彩是低饱和度且略带冷调的色彩，例如低饱和度的淡粉色系、干枯玫瑰色系和珊瑚裸粉色系。对于拥有橄榄色皮肤的人来说，带有浑浊感的裸粉色系是极佳的选择，柔和又高级。在口红的应用上，可以适当晕染至唇缘之外，以减少边界感，营造出"有色而无形"的效果，避免过于明显的线条。

口红选色

淡粉红色	英伦玫瑰	石英粉	浅玫瑰酒
淡灰粉色	野玫瑰色	裸紫灰	深灰紫色
裸灰玫瑰	干枯玫瑰	珊瑚裸粉	柔珊瑚粉
泡泡糖色	莓果红	紫棕玫瑰	

口红推荐

hince
M012

NARS
Tolede

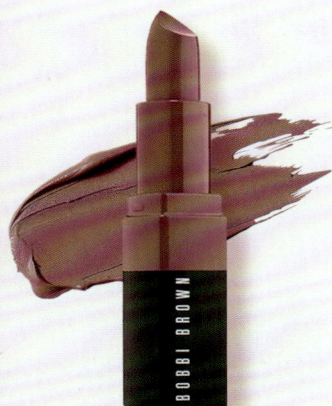

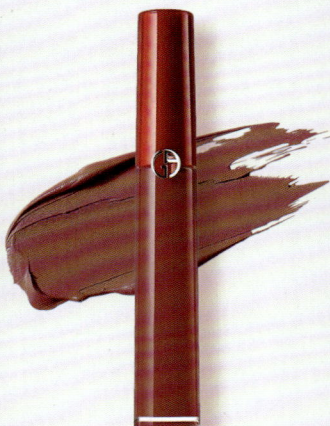

Giorgio Armani
501

Bobbi Brown
Blue Raspberry

4.7
柔秋——优雅柔美的氛围千金

柔秋型的季节印象

在初秋，这个位于夏季和秋季交汇之际的时节，阳光依旧灿烂，却失去了夏天的炽烈。清晨时分，大地被一层淡淡的雾气轻柔覆盖，就像是一幅淡然素雅、温柔细腻的画作。微风轻拂，薄雾随之轻盈起舞，给初秋增添了一丝朦胧的美感。在这个季节，天空的蓝色不再像夏天那样透彻，白云也显得更加柔软、蓬松。黄昏时分，天际被染上浪漫的淡粉和紫色调。

柔秋型，它处于柔和的夏季型与温暖的秋季型之间，融合了秋天典型的低饱和色彩和温暖的感觉，同时也受到夏天的影响，变得更加柔和细腻。柔秋与柔夏可以看作是姐妹季节，它们在很多特征和色彩上有着相似之处，区别在于柔夏色调偏冷，而柔秋则偏向温暖的色彩。

柔秋人的色彩印象

柔秋型人给人的印象是夏季与秋季之间的过渡和重叠，融合了秋天的温暖、低饱和度与高贵妩媚，同时又保留了夏季的轻盈灵动和温婉柔和。其肤色带有一抹独特的灰调，仿佛天生就有柔焦滤镜的效果。柔秋人的整体状态是温柔而亲和的，不同于活泼可爱或清冷疏离的风格，而是充满姐姐气质，既贵气优雅，又能在中性帅气与柔和浪漫间自如转换，带有轻盈如云的艺术气息和松弛感。

柔秋人的肤色和五官仿佛被一层灰色轻纱轻轻覆盖，增添了一抹朦胧美。配上柔和优雅的色彩，柔秋人就像是走动的莫兰迪色画板，展现出独特的韵味和个性风格。柔秋人拥有夏季的灵动属性与秋季的高贵感，造型上既可以是贵族阶层的富家千金，又可以是轻盈柔美的氛围感女神。

柔秋型的色彩，就像初秋暮色中最后一缕阳光的余温，温馨且迷人，带着收获季节的温暖，萦绕着一种淡淡的诗意。柔秋人要避免过分艳丽或浓重的色彩，尤其是饱和的红色调与黄色调，而应倾向于温暖的中性色调和低饱和度色调，既柔和又富有层次。

在柔秋型人的色彩盘中，温润如茶的榛果色和深沉的海狸色构成了其衣着的理想基础色，稳重的雪松色和柔和的月桂绿也很适合，这些颜色为柔秋型人的着装铺设了沉稳的基调。而轻柔的柔粉色和玫瑰色可以作为小范围的点缀色，与其他色调完美融合，为整体造型添上一层柔秋特有的温暖与和谐感。

SOFT AUTUMN

柔 + 暖
muted & warm

深 DARK　　秋 AUTUMN
暖 WARM　　柔 MUTED

Soft
Autumn

柔秋型的基因色彩特征

◼ 1. 肤色

柔秋人的肤色多为中性偏暖，带着象牙色和米色的微妙色调，从白皙到自然肤色都有，肤质带着磨砂玻璃般的质感，散发着柔和光泽，适合哑光柔雾感而非光泽质地的底妆。在饰品的选择上，柔秋型人适合佩戴玫瑰金色饰品，这能与其自身的季节属性更好地融合，自然精巧又不显刻意。

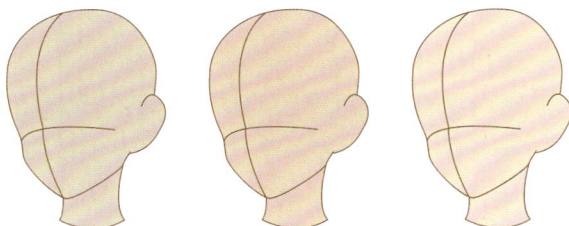

浅米色　　　　淡米色　　　　象牙色

◼ 2. 眼睛

柔秋人的眼眸，像是被一层秋日清晨的薄雾所笼罩，透出温柔的淡棕色或黄褐色的光泽。其虹膜轮廓没有锐利的界限，而是有一圈轻柔而含蓄的暗色边界线，眼睛没有鲜明对比，而是流露出一种柔和与深邃。

浅棕色瞳孔　　　　　　　　　黄褐色瞳孔

◼ 3. 发色

柔秋人的发色自带一种灰调的温柔，阳光下，头发会呈现出朦胧的黄棕色或灰棕色，发质柔软，没有明显光泽，仿佛蒙上了一层淡淡的秋日晨雾。在染发色彩的选择上，极黑的发色并不是最适合的，而自然的黑色或中性的棕色和灰棕色系，会更能衬托出柔秋人柔和的气质。

| 深金棕 | 深棕色 | 暖棕黑 |

4. 对比度

　　由于"柔"的特征，柔秋人的面容像秋日的晨露般柔和而朦胧，其发色、瞳色、肤色之间是相互交融的，缺乏鲜明的对比。面部有一定的阴影但不多，整体对比度偏低，轮廓是自然、柔和的。

高对比度 ← ———————— 中对比度 ———————— → 低对比度

深秋　　暖秋　　柔秋

柔秋型的用色规律

柔秋的完整色板

　　柔秋像一幅色彩淡雅的画卷，仿佛夏季的尾声将其最后一抹阳光洒在大地上，营造出一个柔和、朴素、细腻又带有神秘色彩的氛围，令人联想到成熟坚果和金黄麦穗的温暖色调。这个季型的色板中富含温暖而低饱和度的色调，像是秋天色板中那些原本鲜明浓烈的色彩被柔化，一切色彩似乎都统一了调性，被一层淡淡的雾气轻轻覆盖。在这样的色彩间，没有太过强烈的对比，而是和谐自然的过渡。

　　柔秋色板的首要特质是"柔"，其次才是"暖"。它虽然倾向于暖色系，但整体氛围并不过分温暖。在这个色板中，以黄色为底的色调更为常见，即便是色板上的蓝色和粉色，也带有一种暖调，而不是冰冷的蓝调。

柔秋的色彩三维度

1. 色调解析

　　柔秋的色调，是由夏季偏冷的色彩往偏暖的色彩过渡，所以它们倾向于暖色，但并不会过于暖，这些色彩从夏日的清凉色系中延续了一丝中性的色调。在柔秋的色板中，纯净的冷蓝色很少见，出现的蓝色往往带有一抹温暖的黄调，比如微带黄色的绿松石色。而更常见的是黄色基底的绿色和暖棕色，这些色彩共同构成了柔秋温暖而和谐的色彩世界。

柔夏型	柔秋型	暖秋型

更冷 ⟵───────────────────────────────⟶ 更暖

▌2. 明度解析

柔秋色彩的明度，像秋季深林中午后洒下的斑驳光影，没有深夜的幽暗，也没有朝阳的明亮。其明度是平衡的中间调，不会让色彩过于跳跃或隐藏，而是使每一种色彩都得以恰当地展现，这也就是为什么柔秋的色彩看起来有一种协调感。

▌3. 饱和度解析

柔秋色彩的饱和度偏低，处于"柔"的一侧，相比于纯正的秋季色彩，带有明显的灰度。柔秋色彩像被细雨洗过的秋叶，没有暖秋那样的浓烈，而是更多地带着一份明显的灰度和柔和感。这种低饱和度的色彩，赋予了柔秋一种独有的沉静的美。

柔秋的姐妹色板

柔秋在四季 12 型色彩轮盘中位于柔夏与暖秋之间，就像秋季里的一个和煦午后。它的色彩更接近秋天的温暖与深邃，相较于柔夏的清新来说，减少了一些冷静的灰色调，显得更为柔和、温暖，并稍带一丝优雅之感。但两者在明度和柔和度上仍有诸多相通之处，它们的色彩都不太饱和，可以说，柔秋人和柔夏人都能够很好地驾驭莫兰迪色系。在柔秋人和柔夏人的衣橱中，你会发现多个可以共享的色彩。

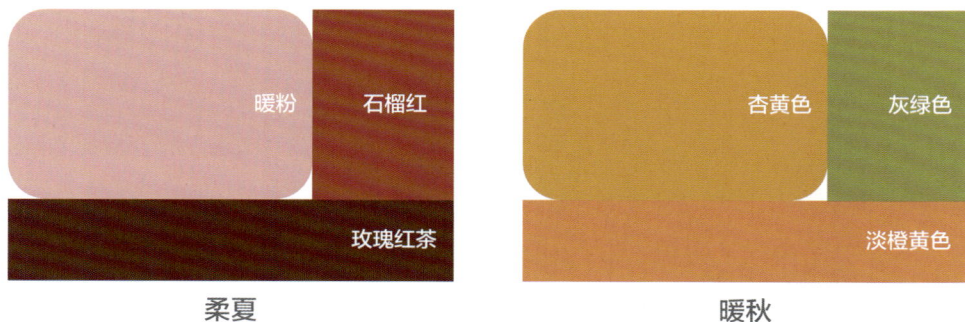

暖粉	石榴红	杏黄色	灰绿色
	玫瑰红茶		淡橙黄色

柔夏　　　　　　　　　　　　　　　暖秋

选择服装时，可以在柔秋的色彩基础上，向柔夏的色板借一些色彩，尤其是那些在两者之间自然过渡的颜色。如果你更倾向于柔夏，那么可以从柔夏色板中选择那些更为柔和、温暖一些的颜色，如淡淡的暖粉、石榴红、玫瑰红茶色。而如果你更偏向于暖秋的色彩特质，那么可以选择暖秋色板中比较柔和的色彩，如杏黄色、淡橙黄色、灰绿色。

柔秋的中性色彩

柔秋人最大的特征在于柔和之美，纯白色对于他们而言可能显得过于强烈，而那些微带黄色、米色、骨白色、香槟色的中性色调，能更好地衬托肤色，使其显得更加温暖和生动。当柔秋人想要选用"白色系"的时候，这些色彩是首选。

在使用深色调时，需要避免纯黑色。纯黑色会让柔秋人显得过于成熟，面部也会出现过多的阴影，从而产生压抑感。棕色、深卡其色和深灰褐色则是更合适的选择。

柔秋要避免的颜色

柔秋的主要特征是柔和暖，要避免净和极冷的色彩。除了黑和白以外，其他浓郁鲜艳的色彩，例如明艳的粉和蓝，都会破坏掉柔秋人天生的柔和感，视觉重心也全都会被服装的颜色抢走。极饱和的色彩，例如宝蓝色、深紫色、饱和的橘红、明黄色，会和其自身自然柔和的特色相违背。选择色彩时应偏向那些能够增强柔秋人天然柔和气息的温暖、低饱和度的色彩。

柔秋的配色

柔秋人的造型配色，要把重点放在展现其特有的和谐感上，而非追求剧烈的对比或视觉冲击。适合柔秋人的，是那些中低对比度的色彩搭配，因为这能够更好地保持其自身的整体特质。

选用同色系是一种最简单也最安全的搭配手法，通过在同一色系中略微变动明度来营造柔和效果。例如，选择同是暖色调的深绿和浅绿，或者是鲑鱼粉和嫩粉色。或者运用邻近色配色，选择中等明度的色彩，如灰蓝和宝石绿。只要保证搭配在一起的色彩对比度低，便能够呈现出柔秋的和谐美。

如果想要造型出彩，也可以尝试同饱和度配色法，即便色调不同，只要保持相同的饱和度，如搭配一个中性的棕色和一个中等饱和度的暗红色，也可以营造出自然的和谐对比。

1. 同色系搭配法

2. 邻近色搭配法

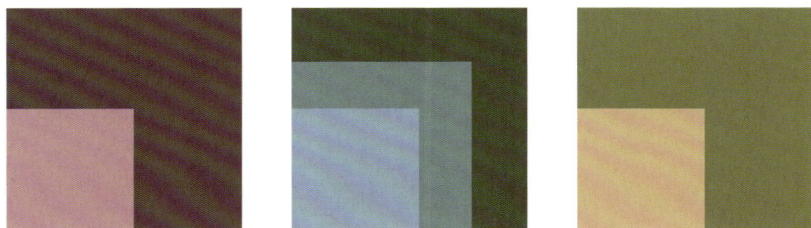

3. 同饱和度搭配法

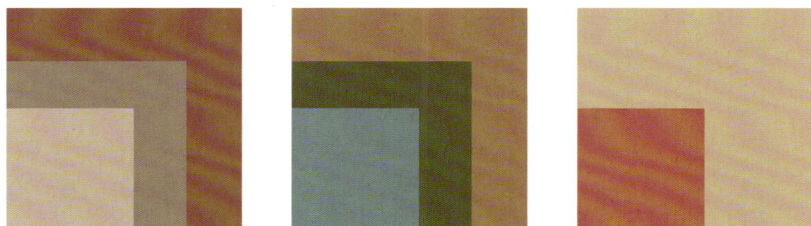

柔秋与柔夏的比较

柔夏与柔秋，这两个季型的人如同透过柔焦镜头所呈现的景象，攻击性大幅降低，亲和力倍增，自然随性与温婉智慧并存。其对比度中低，饱和度不高，所以面部的光影效果较为柔和，五官、肤色、发色以及瞳色之间和谐统一，光线的明暗变化对肤色的影响更为显著。柔型整体给人一种朦胧而柔和的感觉，与净型的清晰分明形成鲜明对比。柔型像是朦胧的雾中景色或水中月，而净型则是清晰可见的。

柔夏型

柔秋型

　　柔型的色彩运用需要保持和谐感，服饰材质和整体氛围也应该柔和。柔型人适合自然质朴的风格，应避免人工感过强。适宜采用低饱和度和中等明度的色彩（柔夏的色彩相较于柔秋略显更浅），同色系的搭配尤为出众，而黑色则不是首选，大面积的黑色穿搭可能会显得沉重，淹没了个人特色。在材质选择上，柔软、哑光或轻微带光泽的布料更为适合，同时应注意避免刻板的剪裁（如西装、皮衣等的廓形设计）或过于闪亮的材质和配饰。

　　柔夏像是清爽的冰淇淋蛋糕，而柔秋则像是浓郁的奶油蛋糕，一个清新，一个饱满。柔秋人的肤色和其他秋季型的人一样带有灰色调，素颜容易显得没有生气，需要适当采用口红来添彩，以提升气色。柔夏的色板倾向于蓝灰调，而柔秋则基于黄棕色调。

　　秋季的个体通常比夏季的个体更能驾驭光泽感元素，秋天的闪光如同夕阳下湖面的粼粼波光，而夏季的闪光则似环绕月亮的淡淡星辰。不过，柔夏人与柔秋人在使用亮片时都应保持适度，过多的闪亮效果会抢夺其自身的视觉重点。

柔秋型的造型风格

　　柔秋人的肤色和五官仿佛被一层灰色轻纱轻轻覆盖，增添了一抹朦胧美，散发出一种温柔感和亲和力，远离了活泼可爱或冷淡的感觉。柔秋人的周身，流淌着柔和、宁静和放松的感觉。其最大的优势，往往在于这种独特的气质，一种似乎与世无争的淡然，这份气质远比外在的美更加珍贵和吸引人。

　　柔秋人并不适合穿着朴素的粗布麻衣，也不适合硬朗厚重的服饰。柔秋人更适合高级质感的面料，如真丝、丝绒、羊绒、皮草等，这些材质能为其补光，同时也能衬托其低调且柔美的特质。柔秋人还适合简约轻盈、适度露肤的连衣裙和针织衫，而过于艳丽的色彩或复杂的设计都需要避免。在造型上，柔秋型人更需强调整体的协调感。

柔秋人的妆发造型

柔秋人的发型

柔秋人的魅力在于那不经意间流露出的慵懒与随性，其尤为适合那些蓬松而略显凌乱的大卷发。额头和鬓角的发丝不用收拾得太干净，无论是披散的松散长发还是随意盘起的发髻，或者是自然的中短发，都要避免过于刻板和贴合头皮，即便是故意营造出的"凌乱"，如脖颈处留下的几缕发丝，也比刻意梳理得一丝不苟要迷人得多。切记，紧贴头皮的发型、油头或刚硬的大背头，都会破坏柔秋人天生的温婉与活泼灵动，这些发型与柔秋人的柔和特质格格不入。

柔秋人的染发建议

柔秋人很适合染发，选择焦糖棕、亚麻色或灰棕色这样的温暖色调，不仅能够突出其五官的柔和美，还有助于提亮肤色，让人整体看起来更加明亮。当发色稍显浅淡时，层次感和温柔感就能自然流露了。

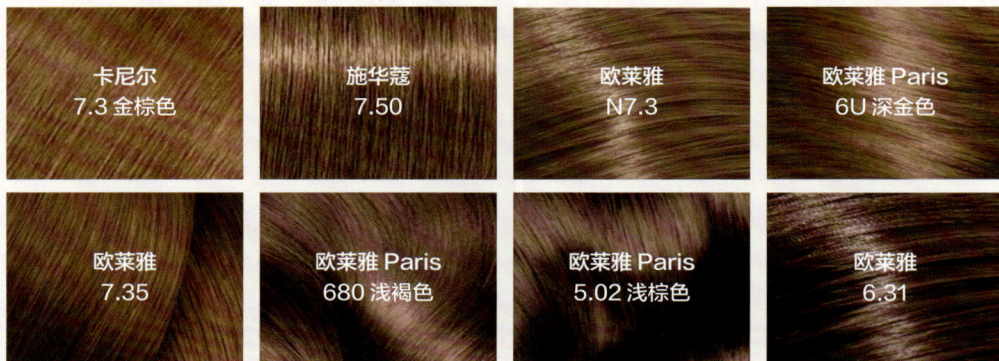

卡尼尔 7.3 金棕色	施华蔻 7.50	欧莱雅 N7.3	欧莱雅 Paris 6U 深金色
欧莱雅 7.35	欧莱雅 Paris 680 浅褐色	欧莱雅 Paris 5.02 浅棕色	欧莱雅 6.31

■ 柔秋人化妆建议与指导

在造型上，柔秋人追求的是和谐与统一，应避免过分强调轮廓，而是在某种程度上模糊掉线条，创造出一种有氛围感的装扮。妆容上，重在色彩的渲染而非形状的清晰界定，要远离浓重的彩妆。其色彩选择倾向于低纯度、低红感，追求如同被一层轻柔的雾所笼罩的效果。即使是眉毛，也应保持淡雅，呈现出自然柔和、毛茸茸的质感，而不是过于精致或利落。所有面部色彩的运用，关键在于柔和、自然的晕染效果，所有妆容细节都一定要保持自然过渡和柔和感。

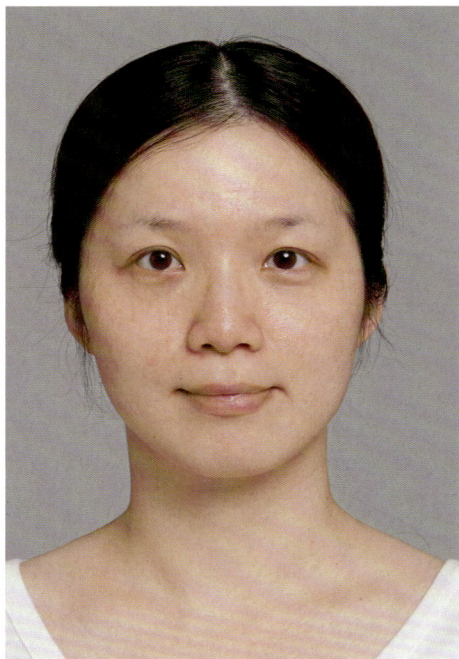

素颜 ▲

正确妆容 ▶

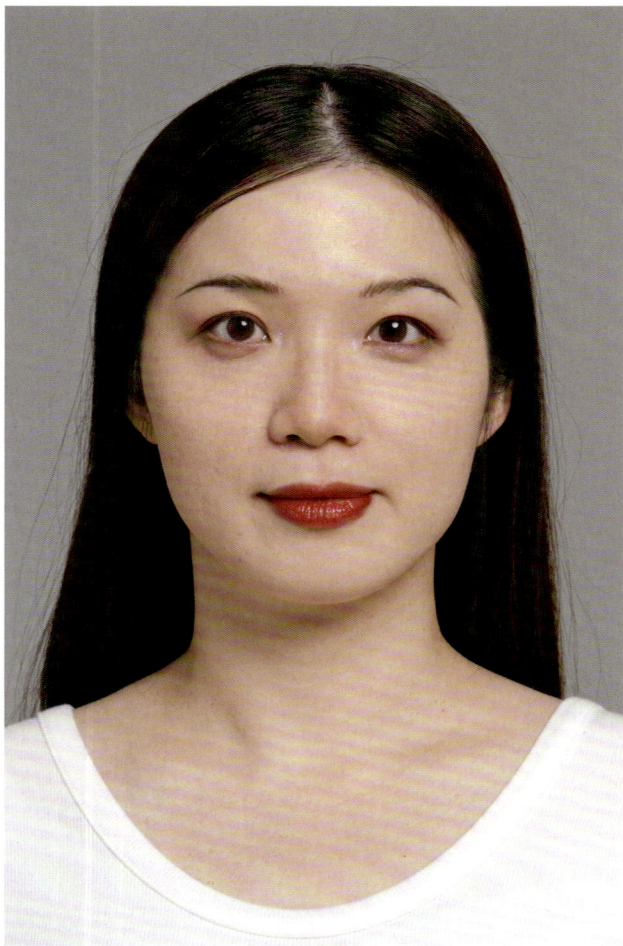

错误妆容 ▶

柔秋人的眼影

　　柔秋人的眼妆应以其独有的柔和与温暖为标志，最适合运用豆沙色系、驼色系、大地色系及裸棕色系这样的温柔色调。画眼妆的关键在于如何巧妙地使用这些柔和的色彩来打造出一种仿佛未施粉黛而自然呈现的美。淡淡的、几乎看似无妆的眼影层次，能使柔秋人的眼睛散发出一种淡雅而有力的美，真正做到以"无"显"有"，呈现出淡淡的氛围感，让眼睛的神采成为整个妆容的焦点。

眼影选色

蛋壳白	榛果褐	浅红棕
柔棕色	柔褐色	柔橘色
奶茶棕	暖粉米色	粉棕色

眼影推荐

Amplitude
 # 2 Pink Beige

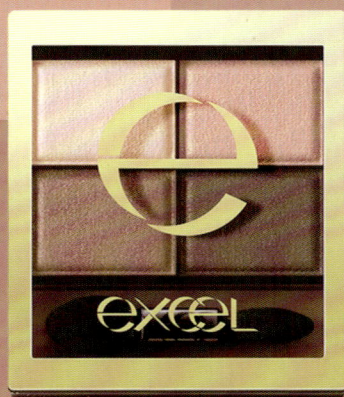

excel
 # SR06

3CE
 # Dear Nude

Lunasol
 # 15

柔秋人的腮红

　　柔秋人最佳的腮红选择是那些带有暖色调和柔焦感的色彩，如低饱和度的乌龙茶色系、奶茶色系、肉桂色系和豆沙色系。这些色彩不仅能与柔秋人的整体气质和谐相称，而且能够在脸颊上营造出一种温暖而柔和的效果。在使用腮红时，可以扩大使用范围，从两颊一直延展到眼睛周围轻轻晕染开，来增添一种自然生动的温暖氛围。不需要过分追求精细的轮廓或强烈的立体感，而是应该去营造整体妆容的柔和与协调感。

腮红选色

雾橘红	珊瑚杏	玫瑰茶	肉桂色
杏粉色	三文鱼粉	柔玫瑰色	浅棕色
海螺粉	干枯玫瑰	暖紫棕	淡玫瑰色
	玫瑰土棕	柔棕色	紫红色

腮红推荐

Clinique
05 Nude Pop

Surratt
Dechesse

Dasique
Warm

3CE
Let Me Stay

柔秋人的口红

柔秋人在画口红时，最适合的采用"有色无形"的方法，例如模糊唇线的画法、咬唇妆或渐变唇妆，以减少唇部清晰的轮廓感，避免过分强调清晰的线条。

在挑选口红时，柔秋人需要远离那些太过鲜艳、太过抢眼的大红色和其他高饱和度的颜色，这些色彩会掩盖柔秋人自然、优雅的气质。柔秋人的最佳选择是那些低调、不张扬的颜色，像是深奶茶色系、烟熏玫瑰色系，或是暖暖的豆沙色系。这些色彩温暖而不刺眼，能恰到好处地衬托出柔秋人的柔和魅力。

在质地选择上，应避免使用亮面或反光质感的产品，相反，雾面质地的唇膏、唇泥或带有丝绒感的唇釉更适合柔秋人，它们不仅能够完美匹配柔秋人的整体造型，还能为其增添一份高级感和氛围感，让唇妆自然而然地融入整体妆容之中。这种哑光的质感，就像是柔秋人自带的一种内敛温柔的美，低调而迷人。

■ 口红选色

柔珊瑚	珊瑚杏	粉茶棕	莓果红
柔粉色	杏黄色	裸粉色	沙漠红
淡玫瑰色	巴洛克玫瑰粉	勃艮第红	暗玫瑰色
矿物红棕	黄油褐色	棕红色	

口红推荐

3CE
 # Sensual Breeze

INTO YOU
 # EM05

Lancome
 # 274

NARS
 # Dolce Vita

4.8
暖秋——华贵典雅的贵妇姐姐

暖秋型的季节印象

暖秋季节是深邃且浓烈的，它的美不是那种跳跃在眼前的艳丽之美，而是更加含蓄、丰富，带着一股朴素与深沉的美。想象一下，在秋天的森林里漫步，脚下是那些干枯而多彩的落叶，每一步都伴随着沙沙的响声，这就是暖秋给人的第一印象。

随着季节的深入，我们见证树叶由绿变黄，从金黄到赤红，再到棕色和紫色，好像大自然正在庆祝着一年中的收获与丰饶。在这个季节里，树叶仿佛被精心涂抹上了金色与红色的颜料，每一片都散发着浓郁而饱满的色彩。秋季的果实，像是苹果和南瓜，也以它们那饱满的形态和丰富的色彩，为这个季节增添了一份特别的丰收气息。从璀璨的菊花到高傲的向日葵，从温柔的玫瑰到高贵的紫罗兰，它们的色彩在暖秋的画布上绽放得更加绚烂和生动，为这个季节增添了无限的生命力。

暖秋人的色彩印象

暖秋型的人是纯正的秋季人，就像一杯香醇的咖啡。他们的风格厚重又温暖，自带着一种尊贵而典雅的大气感以及华丽而成熟的贵气感。随着季节的变化，暖秋人的色彩变得更加浓厚，他们的肤质偏向厚实，带有一种温暖的黄调和微微的浑浊，素颜状态可能显得稍显暗淡，缺乏生气。但一旦化好妆，便能瞬间焕发光彩，仿佛换了一个人。

对于暖秋型的人来说，鲜艳跳跃的色彩并不适宜，同时，低饱和度的莫兰迪色系也不在他们的色板上。他们更适合暖棕色、橘棕色、巧克力棕、砖红棕，以及带有金色调的大地色系，这些色彩能够完美衬托出他们的华丽气质，注意，纯暖型的人要避免使用冷色调。

在着装上，暖秋型的人宜选用能增添血色和光泽的服饰，优选显贵的面料，如羊绒、真丝、绸缎、皮草等有重量感面料。他们也是最适合展现珠光宝气的类型，金色饰品的大胆搭配，会使整体造型更加出众，绝对不能选择朴素的打扮方式。在化妆方面，暖秋型的人适合浓妆，经典的红黑色调的中国妆或是部分欧美妆都非常适合，而清纯可爱的少女风格则不太适合，应避免过于清淡的妆容。

暖秋型的人如同秋日暖阳下熟透的果实，他们的色彩盘涵盖了自然界中最温暖、最深沉的色彩。基础色中的骆驼色和铁锈红，以及饱和度中等的橄榄绿色，都是最能代表秋季季节感受的色彩。点缀色则是生动的蓝绿色和温暖的赤陶色，它们像是秋季里最后的绚烂，给整体的色调带来活力与生命力。这些色彩的组合对于暖秋型人来说，完美地呼应了他们典雅而华贵的气质，能使其穿着和妆容都如同秋天一样充满了层次和深度。

WARM AUTUMN

暖 + 深
warm & dark

深 DARK
秋 AUTUMN
暖 WARM
柔 MUTED

Warm Autumn

暖秋型的基因色彩特征

1. 肤色

暖秋型人的皮肤带有自然的温暖色调，可能深浅不一，有时也会有雀斑。这样的肤色给人一种健康的印象，它不是光滑发亮的，而是呈现出柔和的哑光质感。在某些角度下，肌肤会显露出陶瓷般的微妙光泽，尤其是当他们穿上含金色元素的暖色衣服时，更能衬托出皮肤的自然光感。

暖秋型人的皮肤在素颜状态下容易显得暗淡，因此，妆容的关键在于"补光"，适合选择能够提升肌肤自然光泽的产品，并且需要增添健康的血色感。

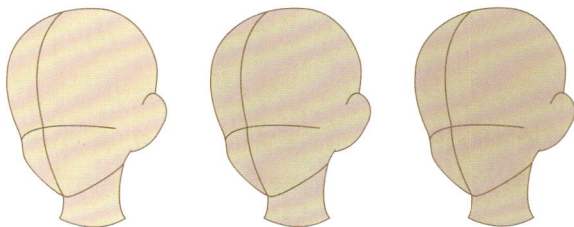

淡蜜色　　　　　米金色　　　　　暖米色

2. 眼睛

暖秋型人的眼睛颜色通常呈现出自然的温暖基调，深邃而富有表现力。常见的瞳色包括深棕色、深琥珀色以及巧克力棕色，这些温暖的瞳色不仅增添了神秘感，还能够很好地与暖秋人的整体色彩相调和，为他们的外观添上一抹自然的优雅。在眼妆方面，选择与眼睛底色相协调的温暖色调眼影，可以进一步强调眼睛的深邃，同时与整体妆容和谐统一。

深棕色瞳孔　　　　　　　　　　　　深琥珀色瞳孔

■ 3. 发色

　　暖秋型人的头发通常具有自然温暖的底色，阳光下这种特质更明显。为了更好地衬托出他们自然的肤色，赤褐色、金棕色、深金棕等温暖色调是染发时的理想选择。对于喜欢变换发色的暖秋型人来说，选择这些暖色调、低明度的颜色，基本不需要漂染，甚至在家进行染发 DIY 就能轻松染出理想的发色。

赤褐色	金棕色	深金棕

■ 4. 对比度

　　暖秋型人面部的对比度通常是适中的，他们的五官和脸部轮廓没有过于强烈的对比。造型上应避免使用过于极端或对比度高的色彩。应该选择那些能够自然衬托肤色和强调面部特征的中等强度的配色。在妆容上，暖秋型人适合以柔和的阴影和高光技巧来增强面部的立体感，同时保持其自然的和谐美感。

高对比度 ←———————————— 中对比度 ————————————→ 低对比度

深秋　　　　　　　　暖秋　　　　　　　　柔秋

暖秋型的用色规律

暖秋的完整色板

　　暖秋代表了秋季色板中最纯粹的色调，是一个色彩丰富且自然温暖的季节，未受其他季节特征的影响。这个季节的色彩，温暖、柔和并带有深邃感。在色彩选择上，暖秋型人应聚焦在温暖和金黄的区域，如暖绿色、金黄色、橘红色和金棕色，这些色调深深植根于秋天的氛围中，充满了丰收的丰盛感和秋日的暖意。

　　这些色彩在视觉上提供了一种丰富性和深度，它们彼此之间互相衬托，共同构成了一个和谐的整体，带有鲜明的秋季印记，几乎不含冷色调。与春季明亮鲜艳的色彩相比，秋季的色调显得更为柔和且包容。暖秋人在妆容和服饰色彩的选择上，都应当尽可能地选择具有这种特点的色彩，避免选择过于强烈或冷硬的色彩。

暖秋的色彩三维度

◾ 1. 色调解析

暖秋色调的核心在于"暖"的特性，色板上所有色彩的定位都偏向于色谱中最温暖的一端。所以暖秋的颜色大多含有黄色基底，而远离蓝色基底。也就是说即便是在选择蓝色系的颜色时，也倾向于选用那些含有黄色调的温暖蓝色，例如绿松石色，它能够和暖秋的整体色调和谐共存。在暖秋的色板上，黄色、绿色以及暖棕色的出现频率很高，这些颜色本身就自然地含有黄色基底，从而能无缝地融入暖秋的温暖氛围中。这些颜色不仅体现了秋季温暖、丰富、有生命力的主题，也符合暖秋人群温暖和浑厚的特质。

| 柔秋型 | 暖秋型 | 深秋型 |

更柔更浅 ◄──────────────────────────────────────► 更深更净

◾ 2. 明度解析

暖秋色调在明度上展现了从低至高的广泛范围，其中以中等明度的色彩为主流，其次是较低明度的色彩。这使得暖秋色板中既有明亮温暖的色彩，也拥有深沉丰富的调子，如同秋季多变的景致，从清晨的柔和光线到黄昏时分的深邃暮色，呈现出一种平衡而和谐的美感。

◾ 3. 饱和度解析

在饱和度方面，暖秋的色彩整体呈现中低饱和度，色彩虽然丰富，却不会过于强烈或刺眼，而是更加柔和、舒适、深邃。然而，由于人们对暖色的高敏感性，暖秋色彩在第一眼看去可能给人一种相对饱和的感觉。这是因为暖色系颜色（如黄色、橙色和红色）本身就能够激发观察者的感官反应，使人感到色彩更为鲜明和浓郁。这种独特的色彩特性让暖秋型的人即便是在使用不太饱和的色彩时，也能够通过巧妙的色彩搭配展现出一种生动、富有活力的风格。

暖秋的姐妹色板

柔秋和深秋色板在色彩轮盘上紧邻暖秋，它们细腻地承载着秋天的温暖与深邃。这些色板在色彩的深度与强度上各有侧重，呈现出丰富的秋日色彩层次。

柔秋色板带有秋天特有的柔和与恬静。如落叶黄呈现出秋天黄昏般的温暖之感，而深红色则显得更为内敛，透出一种复古的韵味，色板中的深橄榄绿更显沉稳和静谧。

深秋色板则展示了更为深沉和饱和的色彩，让人感受到秋天的强烈存在感。芥末色以其丰满的金色调，体现出秋天的浓烈与成熟。奶油朗姆色和菠菜绿如同深秋的各种树叶的色彩，稳重且充满生命力。

这两个色板都体现了秋季的特质，既有柔和、温暖的感觉，也有深沉、浓郁的气息，可根据暖秋人的色彩三维度特征和本身的色彩倾向，向隔壁的姐妹季型借色，根据不同的场合和个人偏好进行选择和搭配。

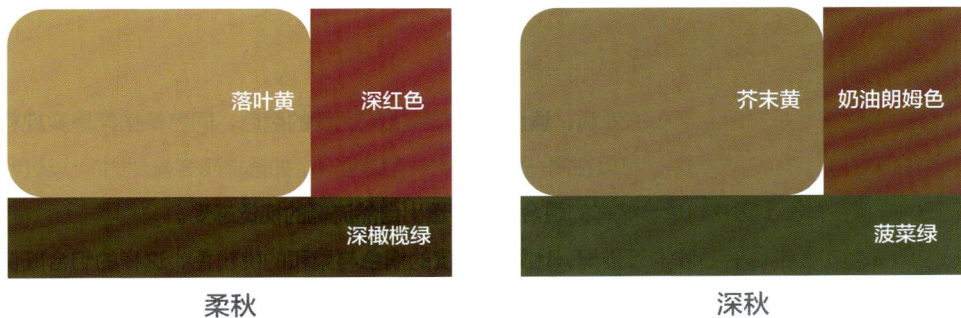

| 落叶黄 | 深红色 |
| 深橄榄绿 | |

柔秋

| 芥末黄 | 奶油朗姆色 |
| 菠菜绿 | |

深秋

暖秋的中性色彩

秋季色调的特点在于较暗，但真正的黑色对于暖秋人来说并不是最优选择，因为黑色的深度和锐利度可能会过于强烈。相比之下，深棕色或深橄榄绿会更适合，这些颜色能够作为暖秋人最理想的深色中性色。

至于白色，暖秋人最合适的选择不是冷冽的纯白，而是更加柔和、带有一点黄色基底的米白色，这样的白色更贴近暖秋的温暖氛围。沙色、奶油色、羊毛白等柔和的色彩同样适合作为暖秋人的浅色中性色，它们可以为整体造型增添柔和而温暖的感觉，也能在视觉上保持和谐一致性。

暖秋要避免的颜色

由于暖秋型人本身拥有自然、温暖且丰富的色彩，因此在色彩选择上应避免那些冷调和过亮的色彩。这些色彩与暖秋的特质形成反差，可能会让人显得面色暗淡、缺乏活力。

例如，冷粉色或冰蓝色这类冷色，它们的清冷特性会与暖秋的温暖基调相抵触，从而使人的面部特

征失去自然的温暖润泽感。同样，那些过于鲜艳的色彩，如亮粉色或宝蓝色，虽然富有活力，但它们的高饱和度可能会压制暖秋型人的自然柔和感，使妆容或穿搭显得过于刺眼，容易让暖秋人显暗沉。暖秋型的人在选择色彩时，最佳的选择还是那些能够增强其天然的温暖感和深邃感的色彩。

暖秋的配色

暖秋型的人通常拥有温暖而柔和的外观，适合中等或稍低对比度的颜色。同色系搭配是实现和谐、柔和效果的最简单也是最保险的方法。可以在同一色系中玩转明暗变化，如选择暖意盎然的深浅绿色组合，或是用柔和的鲑鱼粉搭配更嫩的粉色，这样的组合能够营造出自然流畅的视觉感受。

也可以选择色轮上相邻的色彩进行搭配，比如中明度的橘色与柔和的桃粉色，这样的组合既保持了色彩的和谐统一，又增加了一些丰富感和层次感。深浅层次组合法则是通过对比来增加层次感。选用较暗的中性色，如深棕或温暖的灰色，再配以活泼的芥末黄，可以创造出适中的对比效果，既不会过于强烈，也能够引人注目。

1. 同色系明度差

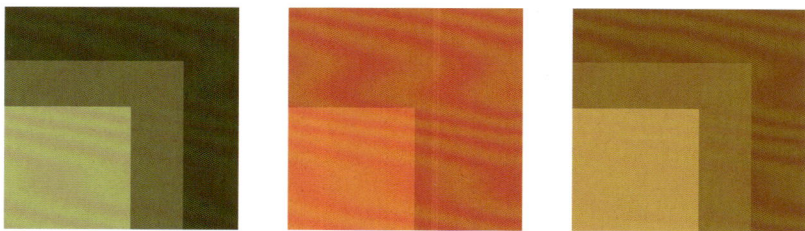

2. 邻近色配色法

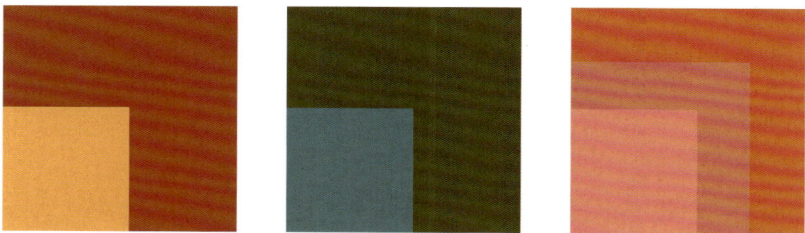

3. 中性色 + 强调色 + 明度差

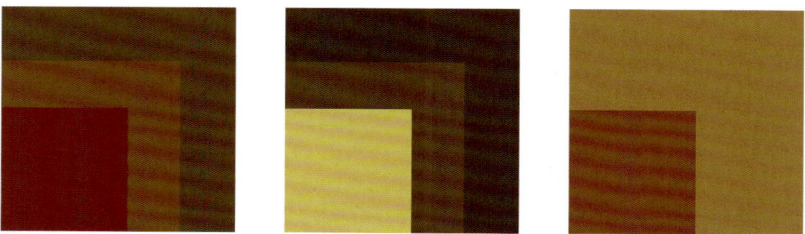

暖秋与暖春的比较

▋相似

　　暖春与暖秋虽在季型轮盘上呈现出一种镜像的对立，但两者之间存在许多共同点。暖春的色调像春天初露的温暖阳光，带着花园里百花盛开的生机与活力；而暖秋则如同秋日的金色阳光和累累硕果，带着丰收景象中的成熟与富足。两者皆承载着旺盛的生命力，呈现出正统的暖调之美。不论是暖春人还是暖秋人，冷色系和灰暗色彩都与他们的生机勃勃构成了鲜明对比。

　　这两个季型的人都能够完美驾驭那些纯正的橘色和橙色，黄色、橘色、金色成为了他们的主调。其面部的中等对比度，也影响到了他们对着装色彩的选择，太柔和或过于强烈的色彩会显得突兀，黑白两色对比较强，过于刺眼。彩妆中，大地色系、橘棕色眼影，还有烂番茄、正红、南瓜色的唇彩等，是他们都可以使用的。

　　　　　　　　暖春型　　　　　　　　　　　　　　　　暖秋型

▋区别

　　暖春与暖秋的差异也同样明显。暖春色彩更为明亮，对比度和明度略高，色彩更加清新和鲜活；而暖秋则渗透着一丝淡雅的灰色，其色彩的饱和度略低。暖秋型人素颜时可能略带灰暗，需借助妆容来激发面部光彩，而暖春型人自带的血色和光泽使其即使素颜也显得生动活泼。

　　在个性化的风格选择上，暖春人适合那些充满朝气与活力的元气少女装扮，轻快的甜酷风以及蕾丝、泡泡袖、小碎花等元素能展现出他们的清新与灵动。反观暖秋人，则更适宜选择具有质感的面料，如真丝、皮革、羊绒，以及民族风、复古风等略带华丽贵气的元素，这些风格能展现出他们独有的贵族气质和成熟韵味，这是春季人所难以驾驭的。

暖秋型的造型风格

　　暖秋型的人格外适合温暖、厚重而浓烈的风格。在四季12型中，暖秋型人可以说是最具有贵族气息的，如同身着华服的女王般，散发着成熟而高贵的气质。

　　暖秋型的美是层次分明的，这种美丽融合了高贵与性感、温柔与独立、优雅与复杂，呈现出一种多维的美感。在娱乐圈中，许多暖秋型的女明星最初都有过一段造型较为朴实无华的时期。过去的造型设计可能过于简单化，试图将所有人塑造成春季人那种明亮活泼的形象，或者夏季人的那种轻盈和仙气的类型，这对于暖秋型的人来说显然并不合适。

在学生时代，许多暖秋型的人可能会被误认为风格平庸，但随着年龄的增长和化妆技巧的提高，仅仅一支口红就能让他们焕发出迷人的光彩。市面上大多数的彩妆和首饰几乎都适合暖秋型的人，俗话说妆前"灰头土脸"，妆后"光彩照人"，暖秋人便可以做到妆前、妆后有"换头"般的差异。

对于暖秋型的人来说，变美的关键在于增添光泽和气色，底妆和口红在其妆容中扮演着至关重要的角色。皮草、真丝以及珠宝等华丽物品，不仅不会让暖秋型的人显得俗气，反而能凸显出他们天生的高贵与雍容。例如，Max Mara 的经典驼色大衣似乎就是为暖秋型的人量身打造的，而那些高级灰色调则可能会让他们的光芒黯淡。暖秋型的人需要避免那些简单朴素、清淡无味的装扮，因为这与他们充满生命力与贵气的天生特质不相符。

暖秋人的妆发造型

暖秋人的发型

对于暖秋型的人而言，风情万种的大卷发、带有港风复古感的发型，以及利落的高盘发，都是非常适合的。这类发型可以展现出暖秋人随性的美感以及高贵、优雅的气质，只有具备足够气场和韵味感的人才能驾驭，其他季型的人做这样的造型可能会显得老气和刻意，但对于暖秋人来说，反而能凸显其成熟魅力，还能展现出其干练的一面，并增添几分权威感。

暖秋人的染发建议

暖秋型人的肤色自带一种自然的温暖光泽，在选择染发色彩时，暖棕色系以及红棕色系等都是极佳的选择，注意要避免色彩过于浅淡，否则会让暖秋人看起来暗淡无光。在决定染发色彩时，个人的肤色明度是一个重要的考量因素。对于肤色较为白皙的暖秋型人，可以选择浅一些的色彩，如浅棕色或蜜茶棕。而对于肤色中等偏深的人士，可以选择深一些的颜色，如深巧克力棕或栗子棕。

施华蔻 7.460	欧莱雅 7.35	欧莱雅 Paris 5.5 棕褐色	施华蔻 670 红褐色
欧莱雅 Paris 驼色	欧莱雅 6.31	欧莱雅 Paris 323 深巧克力色	施华蔻 5.6

暖秋人化妆建议与指导

　　暖秋型人拥有一些与生俱来的特质，即厚重而温暖、尊贵典雅和华丽美艳，自然流露出贵族般或成熟大女主的气质。随着季型的变化，暖秋型人的色彩趋向于浓郁深邃，其肤质相对厚实，肤色呈现出暖黄色调，带有浑浊感，这种独特的皮肤在素颜状态下可能会显得有些暗淡和无光泽。对于暖秋型的人来说，化妆不仅仅是美化的手段，更是一种必备的技巧，能够显著提升他们的气色和整体形象。其化妆前后的转变堪比"换头"，从原本可能略微暗淡的肤色到化妆后的容光焕发，这种变化更加凸显了暖秋型人独有的魅力和风格。随着肤色的加深，所选的眼影色彩也应更加浓郁，以突出与肤色的对比，展现出暖秋人独有的魅力。

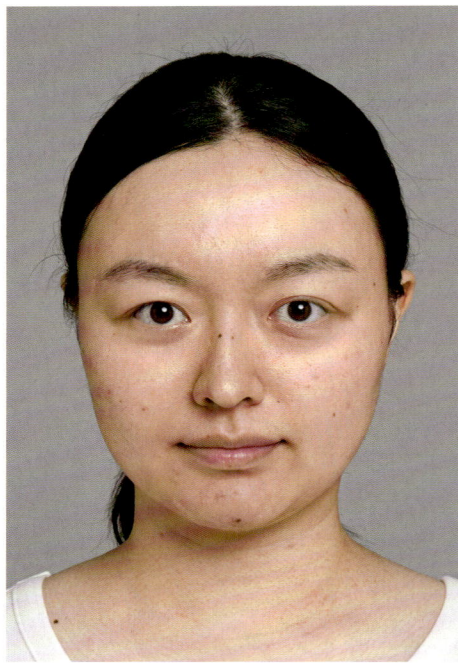

正确妆容 ▶

素颜 ▲

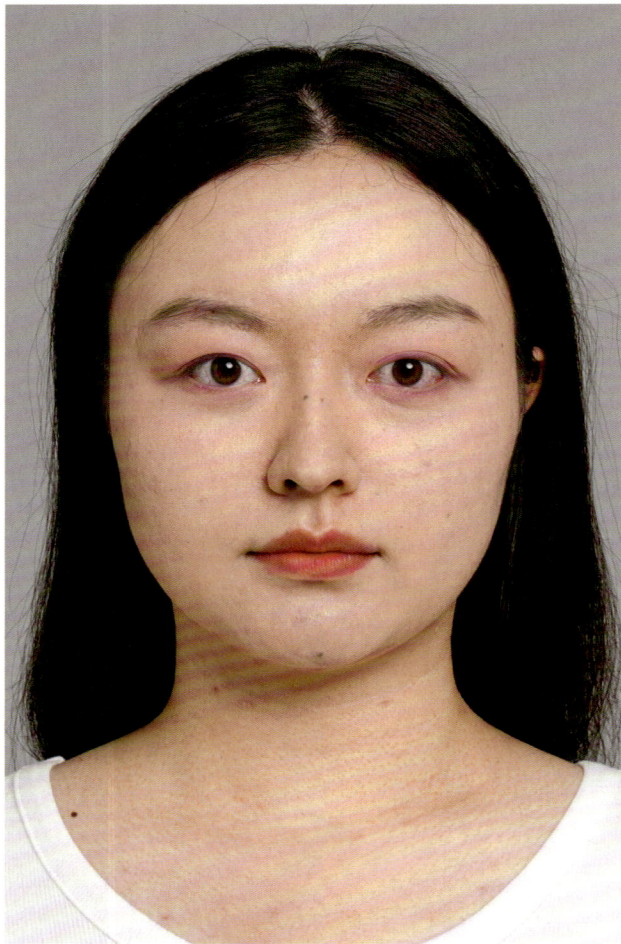

错误妆容 ▶

暖秋人的眼影

　　暖秋型的人自带一种温暖而深沉的魅力，所以在选择眼影时应避开那些鲜艳活泼或饱和度偏低的色彩。相反，那些偏向暖棕色调的眼影，包括暖棕色系、橘棕色系、巧克力棕色系、砖红棕色系和富含金色光泽的大地色系，都能够完美融入暖秋型的色彩世界中，更好地勾勒出眼部轮廓。特别是对于肤色较深的暖秋人，选择更为浓郁的眼影色彩可以有效地提升眼妆与肤色之间的对比度，进而增强面部的立体感。

眼影选色

米色　　深粉棕　　暖金黄

浅驼色　　黄褐色　　卡其绿

暖棕色　　红棕色　　橘棕色

眼影推荐

Charlotte Tilbury
 # Bella Sofia

NARS
 # Surabaya

Chanel
 # 937 Ombres De Lune

Tom Ford
 # 37

暖秋人的腮红

　　暖秋人适合的腮红色彩包括带有一丝浑浊感的暖珊瑚色系、蜜桃橘色系、奶茶色系和低饱和度的红棕色系。在质地上，哑光或是带有微微光泽的腮红都是不错的选择，它们可以在不过分强调光泽的同时，给予面部一种细腻的立体感。这种质地的腮红能够与暖秋型人的肤质很好地相融，不会显得过分雕琢，而是营造出一种松弛而自然的妆感。

腮红选色

裸杏色　柏木棕　红褐色　土橘色
辣酱棕　橙棕色　浅棕色　古铜色
暖蜜桃色　珊瑚色　浅暖粉　鲜玫瑰色
土棕粉　柔棕色　赤土红

腮红推荐

Laura Mercier
Chai

3CE
Rose Beige

Clinique
01 Ginger Pop

MAC
Melba

暖秋人的口红

　　暖秋型人因具有温暖而中低明度的肤色，所以能够驾驭极为多样的口红色彩，涵盖了多数中国女孩所喜爱的热门唇色。适合暖秋型人的口红色彩丰富多样，包括焦糖棕色系、枫叶红色系、深奶茶色系、暖玫瑰棕色系和正红色等，这些色彩能够完美衬托暖秋型人的肤色，提升其整体气色并凸显整个妆容的质感。在选择口红时，注意避免使用那些高明度且低饱和度的裸色以及冷调的色彩，这些色彩与暖秋人天生的肤色有冲突感。

口红选色

珊瑚色　暖粉玫瑰　柔橘色　橙红色
戈壁暗粉　夏日无花果　鲜橘红　棕红色
太妃糖色　焦糖色　赭石色　红褐色
勃艮第红　酒红色　深橘红

口红推荐

MAC
Devoted to chilii

Lancome
196

MAC
Marrakesh-mere

Dior
228

4.9
深秋——大气奢华的气势女神

深秋型的季节印象

　　深秋是秋季的末尾，此时即将进入冬季，气候越来越干燥了，树叶逐渐脱落，漫天飞舞，气温开始下降，清晨的植物上会出现一层薄薄的霜冻。色彩开始渐渐淡去，一些暖色调逐渐被淡化为黄中带灰的色调。这个季节的色彩世界虽然失去了鲜艳的繁华，却在淡雅中展现出一种宁静与美。

　　深秋时节，秋叶逐渐由浓郁的暖黄变成暗红、深棕，树木逐渐褪去了繁茂的叶子，裸露的树枝和树干呈现出淡淡的灰色和棕色。深秋的天空，也开始呈现出深蓝色和灰色，阳光也不再温暖灼热，变得柔和且清冷。

　　秋日西沉的太阳洒落大地的余晖，也逐渐变得暗淡和厚重。深秋就像是浓情蜜意的暗红色玫瑰，也像是香醇浓郁的葡萄酒，神秘贵气，热烈风情。

深秋人的色彩印象

　　深秋型人属于秋季家族中最为深沉和哑暗的类型，他们如同日落时分的秋林，温暖而浓郁，充满热情与神秘。相较于暖秋型人，深秋型人的色调更为深邃，更加温暖，展现出一种更加强烈的秋日气息。在国内的明星中，深秋型人相对较为少见，他们通常拥有健康的小麦色肤色，发色多为深棕或棕黑色，色彩特点是低明度和高饱和度。

　　深秋人是所有季型中最适合化妆的，妆前"路人"，妆后"女王"，无论是欧美妆还是泰妆都能轻松驾驭。深秋人绝不能走主流审美的亮白路线，而是要保留原本的浓郁、健康的深肤色。深秋人可以驾驭浓重的色彩、夸张的造型，充满野性和力量感，能称作是真正的主角！

　　深秋人肤色饱和度高，适合低明度、高饱和度的暖色妆容，妆容要与肤色形成对比。以光泽感底妆打破肤色的沉闷，配以浓眉或野生眉、浓眼线、浓睫毛。深秋人不适合朴素淡雅的风格，更适合张扬野性的泰妆、欧美风、复古风，以及有力量感的霸气大女主造型。

　　在着装上，深秋人应选择那些光泽度高、饱和度高的材质以及闪耀奢华的风格。首饰也应尽可能华丽和高调，与衣物的光泽面料相互衬托。深肤色的深秋型人甚至可以尝试荧光色，以打破沉闷、拉高对比度。在色彩搭配上，深秋人可大量运用深巧克力色、酒红色、墨绿色，点缀印度红和赭色，这些色彩都能保持深秋温暖浓郁的氛围感。

DARK AUTUMN

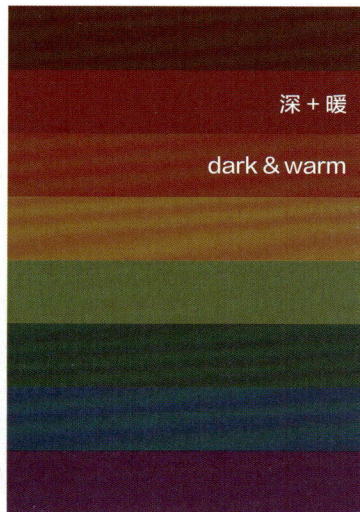

深 + 暖

dark & warm

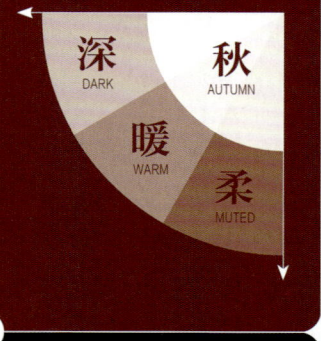

Dark
Autumn

深 秋
DARK AUTUMN
暖
WARM
柔
MUTED

深秋型的基因色彩特征

1. 肤色

深秋型人的肤色通常呈现为中性或略偏暖的色调，底色多为金色或铜色，这使得他们既可以搭配金色的饰品也可以搭配银色的饰品。深秋型人肤色的深浅程度有所不同，大多数倾向于健康的小麦色，而且通常带有自然的光泽和纹理感。

在化妆品的选择上，深秋型人尤其适合那些能够增强皮肤光泽感的产品。粉底和高光产品的使用，不仅仅是为了遮盖皮肤的瑕疵，更是为了强调皮肤的自然光泽和健康感。因此，深秋型人在化妆时可以大胆追求高光泽的效果，这样的妆感不仅能够提升皮肤的立体感，还能够突出其天生的高贵气质，增加妆容的质感。

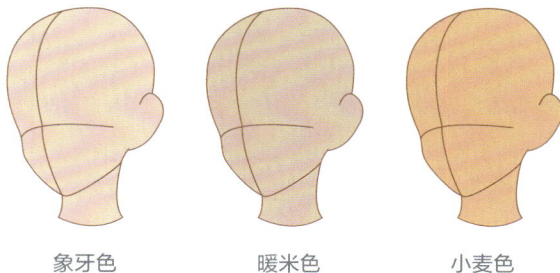

象牙色　　　　　　暖米色　　　　　　小麦色

2. 眼睛

深秋型人的眼睛通常是暖而深邃的，最常见的眼睛颜色包括深榛色、深绿色、暖深棕色以及暖黑色。这些眼睛色彩不仅自带一种自然的光泽，还呈现出丰富的深浅变化，与深秋季节浓郁的色彩完美契合。在深秋型人的眼睛中，瞳孔周围可能会展现出独特的旋涡状纹理和不规则的边界，这些细节赋予眼睛一种独有的个性和魅力。在化妆时，可以通过选择与眼睛色彩相协调的眼影来进一步突出这些特质。

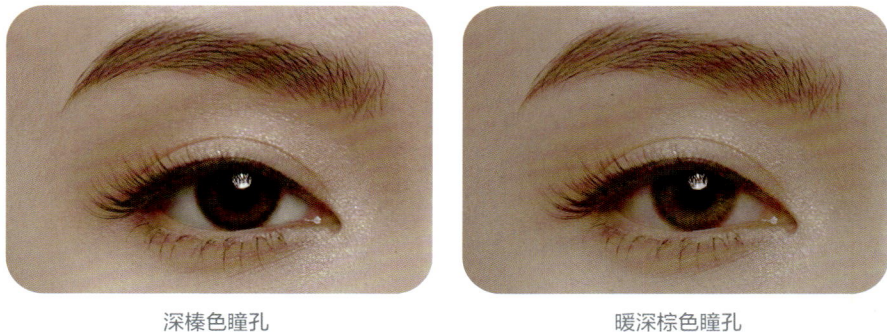

深榛色瞳孔　　　　　　　　　　暖深棕色瞳孔

▌3. 发色

深秋型人的发色呈现出自然的深沉魅力，通常以深红褐色、深金棕色或深棕色为主，这些发色不仅在视觉上给人一种丰富和温暖的感觉，而且在阳光照射下还能反射出微妙的暖调光泽。在染发选择上，深秋型人可以考虑用这些颜色来强化他们的自然色彩特质，同时，这样的发色也很容易维护，因为它们更接近自然发色，生长出的新发与染过的发色之间的过渡也会较为自然。

深金棕	深红褐	深棕色

▌4. 对比度

深秋型人的对比度是秋季型人中最高的，这种高对比度源自他们的肤色与发色、瞳色的鲜明对照。深秋型人的肤色通常是温暖的小麦色，他们的头发和眼睛往往拥有浓郁的色彩，这就在面部特征和整体形象上形成了强烈的视觉冲击。

高对比度 ←——————————— 中对比度 ———————————→ 低对比度

深秋   暖秋   柔秋

深秋型的用色规律

深秋的完整色板

深秋的色板融合了深邃与温暖的元素，这使得这个季型的色调成为秋季型中最为浓郁和深沉的代表。深秋的色谱定位在秋季中的暗色区域，依旧维持着秋季特有的温暖色调，没有完全趋向于冬季的冷色调。这个季型的主色调较深沉，与深秋人自然的高对比度相匹配。不过，色板中也包含了一些较浅的色彩，这些颜色的存在有助于突出深秋型人外观的天然对比度，增加视觉上的层次感。

深秋色板中的大多数颜色以黄色为底，呈现出一种温暖的整体印象。色彩范围广泛，其中金色调的色彩，如芥末黄、橙色和深红色，成为了色板中的焦点。这些颜色温暖且浓郁，它们的饱和度和深度更加强调了深秋型人的华丽与内敛，而非刺目的亮丽。

高对比度的特征让深秋型人在色彩运用上拥有更大自由度和创造空间，他们能用色彩的强烈对比来表达自己的风格，无论是日常装扮还是特殊场合的造型，都能轻易出彩，展现出不同于其他季型的独特魅力。

深秋的色彩三维度

1. 色调解析

深秋的色彩偏向于色谱中温暖的一端，但并非极端的暖色。它们主要以黄色调为基底，蓝色调比较少见。即便是在选择通常被认为偏冷的蓝色时，深秋型人也会找到更温暖的蓝色，例如青绿色和黛蓝色，这些都是相对温暖的蓝色。

暖秋型	深秋型	深冬型

更暖 ← ————————————————————— → 更浅

2. 明度解析

在明度方面，深秋的色彩通常较为深沉，与季型的主色调特点相一致。然而，为了营造丰富的视觉效果和高对比度，色板中也穿插了一些中等明度的颜色。这种明暗对比的搭配有助于凸显深秋型人的外观特征，使其更加鲜明和有层次。

3. 饱和度解析

深秋色彩的饱和度处于中等水平，既避免了过于柔和、低调的感觉，也没有过度的明亮和艳丽。因为深秋的色彩都是温暖的底色，在视觉上给人一种饱满和浓郁的印象。即使色彩不是极端鲜艳的，它们也能在深秋型人的造型中创造出强烈的存在感。

深秋的姐妹色板

深秋的色板，就像秋末深林中的一抹日落，色彩丰富而深邃。它处于浓郁的暖秋和冷冽的深冬之间，带着秋日的最后一丝温暖，同时迎接着冬季的第一股寒冷。深秋的色彩，比暖秋更加饱和，带有一丝冬日的冷静，比深冬又多了几分暖意。

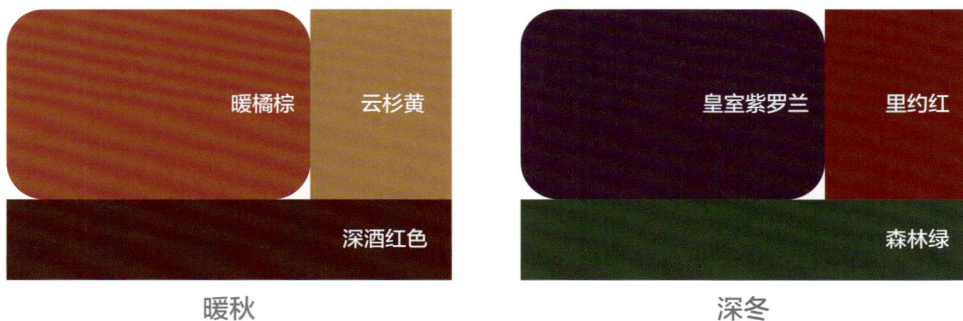

暖橘棕	云杉黄	皇室紫罗兰	里约红
深酒红色		森林绿	

暖秋   深冬

在深秋的世界里，你可以找到落日余晖下的云杉黄，烤栗子的温暖棕色，还有浓郁的酒红色。如果你的色彩三维度特征倾向于暖秋，可以选择暖橘棕、云杉黄、深酒红色，它们不那么浓烈，却依旧保有秋季的温暖。而如果你偏向于深冬，就可以选择更为深沉的色彩，如皇室紫罗兰或森林绿，既深邃又神秘。

深秋的中性色彩

黑色，作为一个经典的暗色调，往往带有一种冷硬的感觉，但深秋型人更适合的是带有一些暖调的黑色，例如混合着细微绿色底色的暖黑色，或是深巧克力棕色，这些颜色就像秋日的暮色，能够更好地衬托出深秋型人的温暖肤色。

纯白色，尽管其干净简洁，但对于深秋型人来说可能过于锐利强烈。可以选择色调更加柔和的米色或带有黄色调的乳白色，这些色彩自然柔和，更适合深秋型人。

深秋要避免的颜色

深秋型人的魅力在于他们的色彩温暖且具有深度，因此，在色彩选择上，他们应该避开那些可能会削弱这种特质的浅色和冷色调。白色、粉色以及其他低饱和度的颜色（如灰蓝或藕色），可能会使深秋型人的肤色显得暗淡、苍白无力。过于冷的颜色，比如鲜艳的粉红或带有蓝底色的灰色，也会与深秋型人天生的温暖肤色相冲突。

深秋的配色

深秋型人天生就拥有高对比度的特质，这在着装搭配时尤为重要。衣着上恰当的对比度能够突出深秋型人的鲜明特质，而太过柔和或低对比度的色彩则可能使他们的整体风格显得晦暗。

深秋型人配色的对比主要体现在明度上，将浅色与深色的搭配作为基础可以产生最佳效果。例如，米色或浅黄色的上衣与深棕色或黑色的裤子相搭配，既自然又有层次。

较深的颜色与较浅、明亮的点缀色相配也是一种有效的搭配方法。对于肤色较深的深秋型人来说，可以选择属于深秋中性色的浅色衣物作为内搭，再以深色的配饰或外套来创造对比，比如浅色的衬衫搭配深色的围巾或包包。

要创造更加显著的对比效果，可以尝试色调上的对比。这涉及色轮上位置相对的色彩，如酒红色配深墨绿。这种对比虽不常见，却能为深秋型人带来独特的视觉冲击力。

■ 1. 明度对比

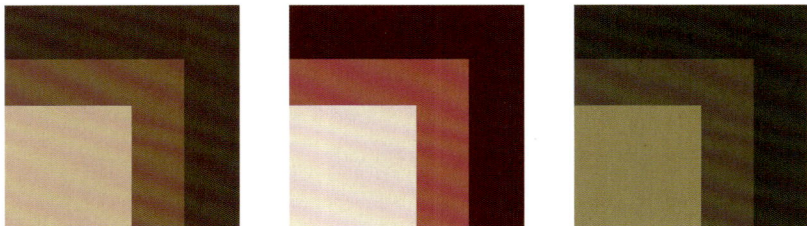

■ 2. 重点配色

■ 3. 色调对比

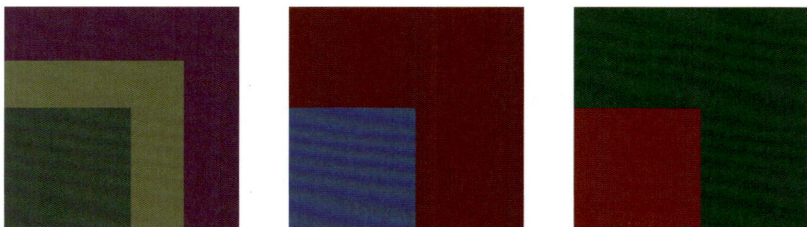

深秋与深冬的比较

■ 相似

无论是深秋人还是深冬人，他们的头发通常都是浓密且乌黑的，眼睛颜色深沉，如深褐或黑色。肤色的范围从健康的小麦色到深象牙色，皮肤通常具有较强的厚重感，带有光泽和纹理。其面部的阴影感和轮廓线条强烈，这些特点有时会给人一种肤色更深的错觉，为他们的外观增添了强烈的力量感和厚重感。这两种季型的人都具有较大的体量感，无论是五官还是身材，都散发着一种强大的气场。

这两个季型的人普遍都是毛发比较旺盛的，眼睛没有朦胧感，眼神有力量感。在这两个季型的人中，中低明度肤色的人居多，也有浅肤色，肤色越浅能驾驭的色彩越多。基本上，相较于浅色来说，他们更适合深色（例如，酒红色就比亮红色要更好），服饰要拉开对比度，太烦琐、细碎的花纹、图案、饰品都不适合。他们都适合有厚重感的妆容，尤其是烟熏妆。

深秋型   深冬型

区别

❶ 冷暖差异

深秋人和深冬人虽同属深色系，但在冷暖气质上有着明显的区别。观察冷暖的时候，注意要看整体，而不能只看皮肤。深秋人最大的特点是暖调居多，黄中带灰，素颜容易没有气色。他们整体自带浓郁的金色元素，皮肤有一种丰盈的光泽，就像是晒过的小麦一样有种健康的温暖感。

而深冬人，作为两个大季型的过渡，其中有很大一部分人是属于中性皮的，有不少深色的橄榄皮人会误以为自己是暖皮。深冬人带给人的感觉，没有任何"温暖感"，会有一点冷酷感和距离感。

❷ 气质差异

深秋型人的气质华丽而奢侈，夸张而野性，带有一种欧美混血的感觉。深秋人的面部特征多数是圆润的、饱满的、有女人味的。深秋人非常适合往欧美风打扮。深秋的季节特征是丰富，就像是秋季暖暖的夕阳下，大地万物呈现出的浓郁色彩。深秋人也是极其富有生命力的、鲜活的、自由奔放的，其华丽大气、性感勇敢，同时带有浪漫和张扬，所以深秋人不能走纤弱精致路线。深秋人年纪轻轻就会显得成熟一些，例如谷爱凌，天生有大气御姐的样貌。

而深冬人的特质完全不同，深冬出东方美人，其硬朗简约，很有气韵，倔强霸气，且具有东方高级感，面部的轮廓特征为颧骨高、方圆脸，眉眼之间是一股英气而不是媚气。深冬的直线条更多，而深秋的曲线感更多，这样的轮廓特征增加了深冬人的面部对比度（也就是说深冬人的对比度要高过深秋人）。深冬人还有一种特质，就是厚重感。这种厚重感不一定体现在身高、身形（如瘦小的王子文也是深冬人）上，而是一种磁场，一种高贵典雅、具有威严感的氛围，也正是由于深冬与深秋交接，因此深冬延续了深秋的贵族感。

深秋型的造型风格

深秋型的人绝不能一味地走亮白路线，他们是极少数的健康小麦肤色好过白皮肤的类型。就拿谷爱凌来说，当她在生活中淡妆甚至是素颜时，其金棕色的头发与肤色的对比度低，如果穿上大地色系或饱和度低的淡色衣服，虽很可爱、质朴、接地气，但却容易把整个五官埋没掉。而杂志大片中的她，服装上用了大量"重"的色彩，强调眼线、眉毛和唇色，拉高了对比度，再加上衣服材质与妆面的光泽感，一个时尚圈超模就诞生了！她的气场充满了迷人、高级的力量感。深秋人通常会显得比实际年龄更成熟，这正是其热情、奔放、富有活力与强大生命力的体现。

　　深秋人可以穿着线条夸张、色彩浓重的服装，适合黑色、藏蓝、深红、墨绿、金色。材质上带有强烈光泽感的面料，以及一切华丽、有分量感的服装，像是漆皮、皮草类服装都会让深秋人脱颖而出，展现出高贵性感、野性慵懒等很多层次的美。深秋人非常适合设计夸张和富有华丽感的饰品，戴上去绝不会俗气，而是更衬托出深秋人的奢华闪亮。

深秋人的妆发造型

深秋人的发型

　　深秋人很适合线条干净简洁的发型，如整齐利落的大光明发型，带着一种稳重和典雅的感觉，同时又不失优雅和自信的魅力。深秋人也能轻松驾驭复古风的发型，无论是 20 世纪 20 年代的波浪短发，还是 60 年代的摩登长卷，这些复古风发型都能完美体现深秋人的韵味和成熟女人味。深秋也适合风情大波浪发型，充满性感、华丽的气质和高级感。

深秋人的染发建议

　　深秋人自身的特质是"深"，适合染的发色也基本都是深色，例如纯黑、黑棕、深巧克力色、赤褐色，通常染过于浅的发色容易显得没精神和有苍白感。但如果深秋人的面部特征是五官量感大、立体度高、偏向混血长相，是可以染浅发色的，正是因为他们的面部特征已经形成了高对比度，所以能驾驭浅一些或鲜艳的发色。

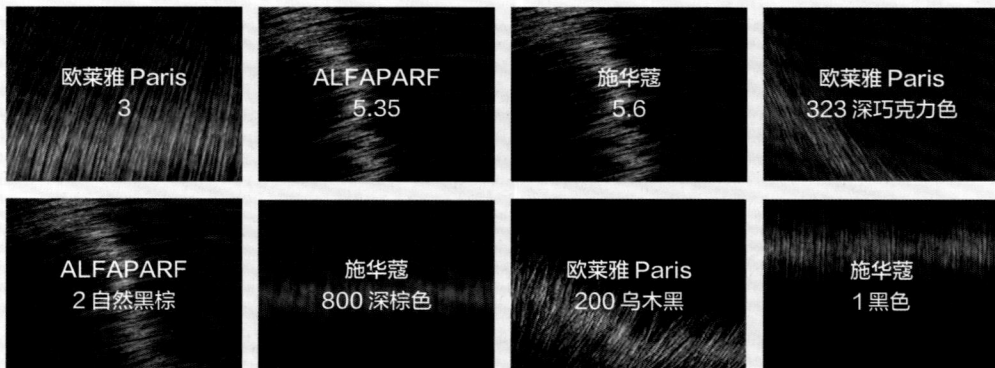

欧莱雅 Paris 3	ALFAPARF 5.35	施华蔻 5.6	欧莱雅 Paris 323 深巧克力色
ALFAPARF 2 自然黑棕	施华蔻 800 深棕色	欧莱雅 Paris 200 乌木黑	施华蔻 1 黑色

深秋人化妆建议与指导

深秋人拥有化腐朽为神奇的魔法，他们是所有季型中最擅长化妆的艺术家，无论是欧美妆还是泰妆都能轻松驾驭。深秋人的魅力在于其肤色和健康、有光泽的皮肤质感，眼影可带夸张亮闪，适合有线条感的眼线和睫毛，口红可用浓郁的重色。

深秋人是浓郁热烈的，适合使用低明度、高饱和度的眼影色彩，以大地色为主，也可以使用饱和且闪亮的色彩，如金色、墨绿、紫棕、红棕、黑色。眼妆可以采用烟熏妆，可以大面积晕染。深秋人适合假睫毛、线条感的黑眼线和强势的眉毛，越是奢华闪亮，越是能衬托出深秋人的野性慵懒，绝不显俗气。

腮红可选择中等饱和度的橘棕色、橘红色、深奶茶色，适合与修容和古铜粉一起用，加上暖色调高光，五官的层次才能被刻画出来。深秋人的颊彩可以大胆下手，不易显脏。口红是深秋人妆容的灵魂，将所有的红色、棕色、奶咖色系拉低明度、提高饱和度，就形成了最适合深秋人的口红色彩。浓郁又覆盖力极强的深红色、棕红色、紫红色，这些多数人在生活中不敢尝试的颜色，深秋人都能轻松驾驭。

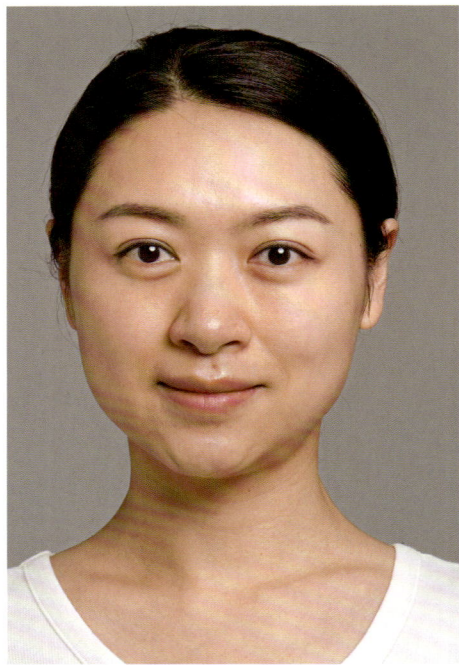

素颜 ▲

正确妆容 ▶

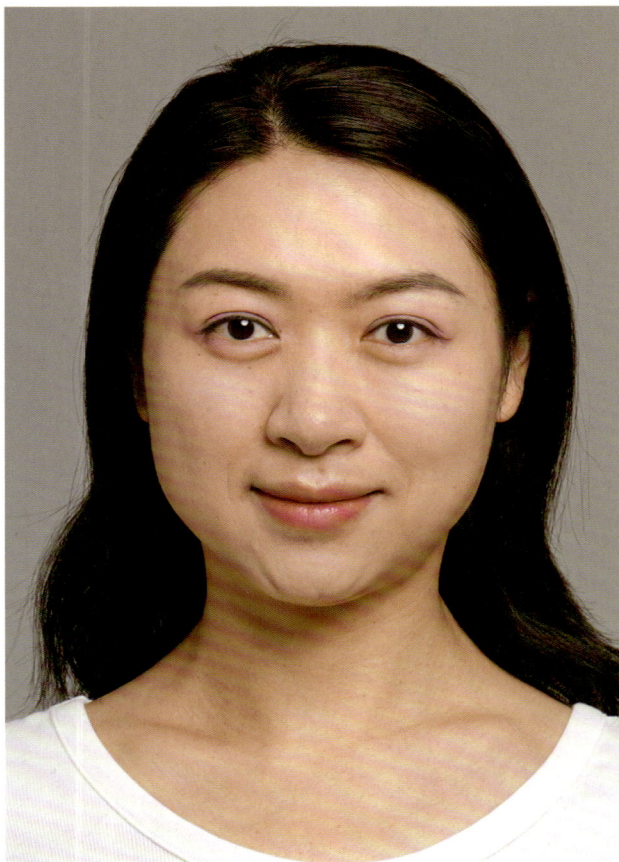

错误妆容 ▶

深秋人的眼影

深秋人的眼妆充满了深邃与神秘的魅力。对他们而言，那些低明度却闪烁着光泽的大地色系，以及深邃的蓝绿色系、哑暗的金棕色系、深沉的暖棕色系和红褐色系，都是绝佳的选择。这些色彩不仅与深秋人健康的肤色和热烈的个性完美契合，更能突显出他们天生的华贵气质。

在欧美风妆容的演绎上，深秋人更是游刃有余。他们的眼妆适合采用大胆且富有层次的晕染技巧，创造出深邃而富有立体感的眼部轮廓，夸张的拉长上翘眼线更能增添戏剧性的魅力。这种眼妆，不仅展现了深秋人独有的风格和自信，也完美诠释了什么是通过色彩和线条将内在的力量和美感展现得淋漓尽致。

眼影选色

眼影推荐

Tom Ford
29 Desert Fox

Pat McGrath
Voyeuristic Vixen

3CE
Overtake

Natasha Denona
Glam

深秋人的腮红

深秋人的腮红就像是秋日的暖阳，温暖而浓郁。深秋人适合带有泰式妆容氛围的腮红色系，如中等饱和度的暖橘棕色系，柔和的咖啡色系、三文鱼色系，以及浓烈的枫叶红色系。适合将腮红与修容和古铜粉一起用，加上暖色调的高光，五官层次和立体感才能被刻画出来。在化深秋人的颊彩时，可以大胆下手，妆容不易显脏。

■ 腮红选色

大丽花橘粉	印第安红	蔓越莓红	浅红橙色
红褐色	暖橘色	赤褐色	浅棕色
古铜色	柔棕色	黄油棕	日晒棕
日落粉橘色	古铜棕	板栗红	

腮红推荐

NARS
Torrid

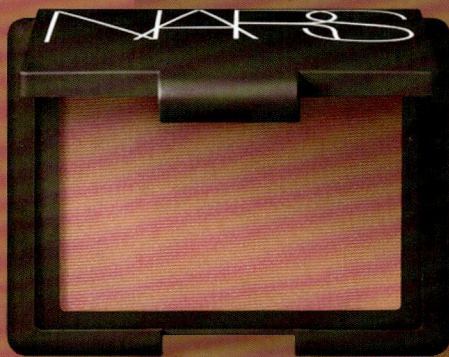

Tom Ford
Sundrunk

Clinique
18 Pink Honey Pop

CLINIQUE

MAC
Melba

深秋人的口红

深秋人的唇色最能代表深秋季节的色彩，深邃低沉而富有层次。粉雾感的棕红色系、枫叶红色系、带有欧美风的酒红色和勃艮第红，是对深秋人更加完整和饱满的诠释。也可以这样理解，深秋的口红，就是把所有红色、棕色、奶咖色拉低明度、提高饱和度，普通人用这一类色彩会有浓妆感或过于艳丽，但深秋人都能轻松驾驭，口红也是深秋人妆容的灵魂。

口红选色

深橘红	浓郁红	裸棕色	熟褐色
蔓越莓红	红宝石色	深红色	小辣椒色
辣酱红	深褐色	深紫红色	深棕色
橘红色	勃艮第红	深血红	

口红推荐

Pat McGrath
Vendetta

NARS
Fire Down Below

CHANEL

MAC
Marrakesh-mere

Chanel
102 Modern

4.10
深冬——高贵飒爽的红毯女王

深冬型的季节印象

深冬型给人的第一印象是冬季的夜晚，像是明亮的星星出现在蓝黑色的天空中，也像是雾气萦绕的森林，具有一种既清冷又神秘的氛围。深冬的位置处在深秋和冷冬之间，与深秋相比，深冬带了更多的冷感，和冷冬相比，深冬又带了一些秋季的高贵气质。

这个时节，风开始变得寒冷，白雾缭绕，天空总是雾蒙蒙的，有一种阳光都透不进来的感觉，一切都变得沉重和悠远。深冬不像冷冬那么凛冽，也没有深秋的丰富感。深冬季节的色彩，如同一杯浓郁的酒，带有深邃、高贵的气息。深冬季节的阳光，仿佛经过了过滤，变得柔和、暗淡，投下来的光芒，泛着一层银白的光晕。在深冬季节，我们能看到一些沉稳、高雅、浓重的色彩，如深蓝色、深紫色、酒红色、深绿色和黑色，具有典雅、稳重又内敛的感觉。

深冬人的色彩印象

当我们提到冬季型的人时，脑海中浮现的三个显著特质是冷、深和高对比度。冬季人大多拥有冷色调或是中性偏冷的肤色，他们的发色和瞳色往往偏深，而他们的发色与肤色之间或瞳孔与眼白之间的对比度极高，营造出一种强烈的视觉冲击。

深冬人，以其发色或肤色的深邃、肤质的厚重以及面部阴影的强烈为标志，缺乏明显的透亮感，却自带一股不容忽视的力量感和高贵典雅的氛围。他们的肤色可能是冷橄榄色，或带有灰调的深色肤色，唇色略显发暗。其发色多为深黑或暗棕色，浓密而色彩饱满，眼神锐利有力，眼睛黑白分明，透出一种深邃而浓烈的美感。他们的面部线条直且棱角分明，宛若冬夜的寒空，冰冷而庄严，天生散发出一种"厚重感"。他们庄严且肃穆，一丝不苟，英气勃发。他们的气质强烈、冷静而有力，带有东方古典的韵味，气势如虹，一出场便是无可争议的王者。

深冬人的面部对比度高，面部特征以直线条为主，因此自然散发出比较硬朗与英气的气质，天生带有冷冽的气场，几乎所有的中性造型都能被他们完美驾驭。他们最适合的色彩是那些既冷且深的色调，比如藏蓝、酒红、墨绿，以及所有接近黑色的颜色。浅色、浊色和过于鲜艳的色彩都应避免。素颜对他们来说并不适合，一旦化上浓妆，气场立刻全开。深冬人的肤质本身就具有一定的厚度，无需刻意追求透明感或过分提亮，相反，一个沉稳、厚重且高质感的造型会显得格外出众。

DARK WINTER

深 + 冷
dark & cool

净
BRIGHT

冷
COOL

深
DARK

冬
WINTER

Dark
Winter

深冬人的色彩如同夜空下雪后的静谧，深邃而富有神秘感。他们最适合那些浓郁而冷峻的色彩，例如黑色、深海军蓝、暗紫色以及深邃的浆果色调。这些接近黑的色彩为深冬人提供了一个坚实的色彩基础，宛如深冬夜晚的天幕，庄重而深沉。另外也可以采用少量深秋的色彩，例如酒红色和墨绿色，为深冬的主色调提供完美的衬托，平衡整体色彩的深沉，既有力量感也不失高贵典雅。

深冬型的基因色彩特征

■ 1. 肤色

深冬人的皮肤常呈现冷调的深橄榄色或中性偏冷色调，质感厚实且类似磨砂玻璃，透光性不高，给人一种深沉且浓郁的视觉印象，这样的肤色与深色系且饱和度高的彩妆和服装都能很好地契合。

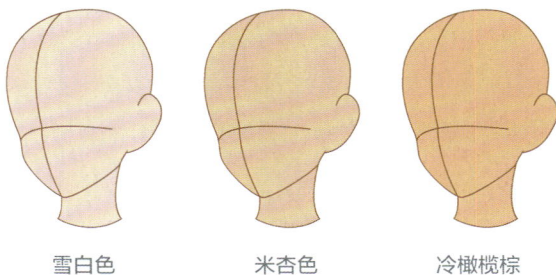

雪白色　　　　米杏色　　　　冷橄榄棕

■ 2. 眼睛

深冬人的眼睛深邃而神秘，常见的颜色是深棕、冷棕和深黑，这些颜色在光线下反射出独特的深沉光泽。其眉毛和眼睛之间的对比强烈，为面部增添了鲜明的轮廓感，让人的视线不自觉地停留在他们深邃的眼神中。

深黑瞳孔　　　　冷棕瞳孔

3. 发色

深冬人拥有如夜空般深沉的发色，先论是深灰棕、冷黑棕还是最深的黑，都在阳光的抚摸下透出一种独有的光泽。他们的眉毛通常是青黑色的，浓密而有形，完美支撑起浓重妆容，增强了整体造型的力度和深度。这样的色彩特征使得深冬人在画上深色系妆容时，更显得气场全开，既有质感又不失精致。

| 深灰棕 | 冷黑棕 | 黑色 |

4. 对比度

深冬人的色彩明度天生较低，这使得他们的头发、瞳孔和肤色在色调上保持一定的和谐，通常不会形成过于强烈的对比。然而，他们天生的深邃五官和立体的面部轮廓，为脸部带来了自然的阴影和光影效果，这样不经意的阴影感恰恰在轮廓上营造出中到高的对比度。这种对比不是简单的色彩对撞，而是更加微妙和有层次的，给深冬人的容貌添加了一种独特的立体感和深度。

高对比度 ←——————————— 中对比度 ———————————→ 低对比度

深冬   柔夏   浅夏

深冬型的用色规律

深冬的完整色板

　　想象冬夜的一幕：星光在深蓝的天空中闪烁，形成鲜明对比，就像是迷雾中的森林，神秘而静谧。深冬型的颜色，深沉而冷静，带有夜晚的宁静和深邃。深冬人的色彩基调是低明度的，他们的发色、瞳色和肤色之间的对比并不尖锐，却因为天生的立体五官和面部阴影，展现出一种独特的中高轮廓对比。

　　深冬色板融合了暗色调与冷色调，展现出一种深沉而浓烈的感觉。它与深秋相邻，所以也会有暖色调的流露，但因为受到冬季冰冷的影响，所以这些色彩远离了秋天泥土色调的温暖，转而更显冷峻的感觉。

　　色板上的高饱和度、高对比度和相对明亮的色彩，如粉色、红色、紫色和蓝色，都是为了体现深冬在自然界中的对比度而存在的。这些颜色间的强烈对比，就像冬天那清晰的星空，是深冬人独有的色彩语言。

深冬的色彩三维度

1. 色调解析

深冬色调较冷，呈现出一种不完全寒冷却又不带温暖的独特氛围。其中的颜色，蓝色成分普遍高于黄色，即便是黄色调本身，也是偏向较冷的黄，如柠檬黄或是青金石黄，远离传统的暖黄色调。深冬的色板中其他大多数颜色也不是基于黄的底色，而是融入了灰色和蓝色，这使得每一种颜色都带有一种独特的深度。

深秋型	深冬型	冷冬型

更暖 ←——————————————————————————→ 更冷

2. 明度解析

深冬的明度特征描绘了一个充满对比和富有深度的色彩世界。整体上，深冬的色板倾向于较暗的色调，这与季节的本质——深邃、冷静和神秘紧密相连。尽管色板中包含了一些非常浅的颜色，如纯白色和其他冰冷的柔和色调，但暗色调的颜色还是占据主导地位。这种颜色的混合不仅仅是为了美观，更是为了共同营造出深冬所特有的高对比度效果，这是深冬季节不可或缺的一部分。浅色调提供了一种清新感，而暗色调则增添了深度和强度，两者的结合使得深冬色板既有层次感又充满力量。

3. 饱和度解析

深冬色彩的独特之处在于其相对暗淡的特质，这与典型的冬季色彩色板形成鲜明对比。普遍而言，冬季的颜色多为高饱和度和高对比度，充满了视觉冲击力，就像冬天清澈天空和雪地反射的强烈光线。然而，深冬的色板则展现出更加内敛和沉稳的美。深冬色彩的这种暗淡特质并不意味着缺乏表现力。相反，这些色彩通过细腻的对比和深浅变化，营造出独有的冷静和高贵气质，使得深冬人能够以一种更加成熟和优雅的方式展现自己。

深冬的姐妹色板

深冬这个独特的季型介于深秋和冷冬之间，它是冬季型中偏向秋季风格的一个季型，带有比冷冬更柔和、更深沉且稍带温暖的色彩。与深秋的浓郁色调相比，深冬的色彩虽同样深邃，但倾向于更冷的色调，同时也具备更高的对比度。当我们将深冬与冬季的另一个分支净冬作比较时可以发现，尽管两者都偏向中性色调至冷色调，但深冬却展现出更加深沉和柔和的特质。

深冬与姐妹季型深秋共享"深"的特点，与冷冬共享冷调的特点。可以根据你在深冬型中的色彩三维度特征和本身的色彩倾向，灵活从这两个姐妹色板中选择颜色，它们都与深冬色板有着很大相似性。倾向于深秋的人可以从深秋色板中挑选更冷的色彩，如深海蓝、深蓝和李子紫，以融入深冬的调色板。而偏向冷冬的人，则可以选择冷冬色板中的深色调，如贵族紫、深玉石绿和波尔蒂芒蓝，这样的选择可以帮你做到跨季型的自然色彩衔接。

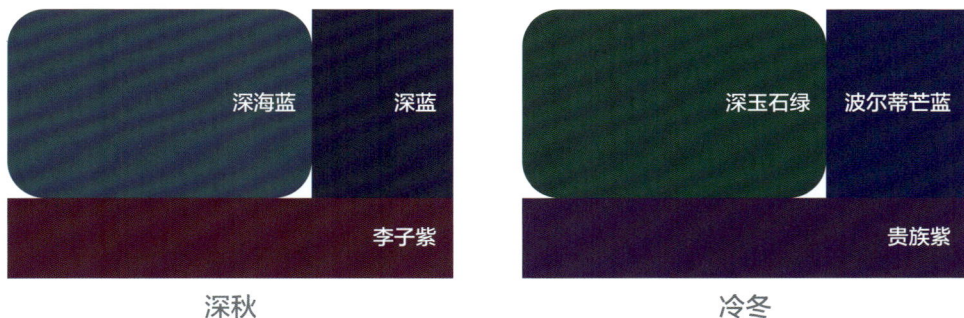

深秋　　　　　　　　　　　冷冬

深冬的中性色彩

黑色作为冬季色板中的核心，可作为深色中性色的首选。对于肤色与发色、瞳色形成高对比的人来说，全身黑色装扮就很出彩。然而，对于肤色较深的人来说，全黑可能显得过于压抑。这时，深蓝色和深绿色成为了替代黑色的理想选择。纯白色也是深冬色板中的一部分，与深色搭配可营造出高对比度的视觉效果。此外，浅米色和灰色提供了更多浅色中性色的选择，完美适应深冬的高对比度和深沉氛围。

深冬要避免的颜色

深冬色彩的精髓在于深沉与冷调的和谐，因此，浅色和暖色调都不适合深冬人，特别是那些温暖的大地色系，如金橙色和棕色，很可能会让深冬类型的人看起来脸色不好，甚至像生病的感觉。同样，较暖的粉色调也可能与深冬人的气质不搭，造成视觉上的不协调。此外，那些带有灰度的颜色，比如土黄色，容易与深冬人天生的饱和色彩发生冲突，削弱其自然的魅力。

深冬的配色

可以将深冬色板上的深色任意搭配，但某些组合会看起来更协调一些，核心是要重现深冬人外貌自然存在的"深"和较高的对比度。深冬人的一个显著特点是其明度上的对比，这是实现合理配色的关键。将浅色与深色相搭，例如最经典的黑白配色组合，可以在视觉上实现明度的强烈对比，既独特、抢眼，又能凸显深冬人的独特气质。

深冬人同样适合将相对中性的色彩与鲜艳的色彩相结合，比如灰色与酒红色的组合。这种搭配不仅丰富了视觉效果，也增添了一种生动的对比感，使整体造型更为吸引眼球。

虽然深冬人享有较高的对比度，但并不需要像净冬人那样追求极端的对比。过于强烈的颜色搭配，如色轮上相对位置的黄色和紫色相配，可能会显得过于突兀。相反，将黑色与其他相似明度的深色相搭，如深蓝或深紫，能够很好地契合深冬人的色彩特征，营造出既和谐又有层次感的视觉效果。

1. 明度对比

2. 中性与鲜艳色彩的搭配

3. 适度的对比度

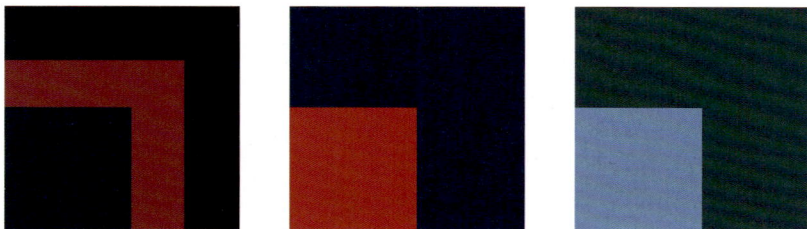

深冬与深秋的比较

■ 相似

深秋与深冬季型人的相似之处在于，他们都具有深型个体最显著的特质——"深"，无论是乌黑浓密的头发，还是深褐色或黑色的眼睛，或是偏向小麦色、深象牙色的肤色，这些都体现了他们的特点。除了这些色彩上的显著特征之外，他们的面部往往具有较为明显的阴影感和轮廓感。有些人给人的印象似乎肤色较深，但这也可能仅仅是由阴影感造成的错觉，这种错觉为他们增添了一种深沉的力量感和浓郁的厚重感。通常，他们的体量（包括五官和骨架等）偏大，散发出一种威严感的气场。

这两个季型的人普遍具有较为旺盛的毛发，且眼神清晰有力，展现出力量感。这两种季型的人通常肤质都比较厚重，主要以中低明度的肤色为主，但也有浅肤色的个体，肤色越浅，能够驾驭的色彩范围越广。相比之下，他们更适合深色调的服饰（例如，酒红色相较于亮红色更为适合），并且服饰的对比度应当突出，要避免过于繁复的细节、图案或饰品。他们适合有厚重感的妆容，特别是烟熏妆和一部分欧美妆，他们都能够轻松驾驭。

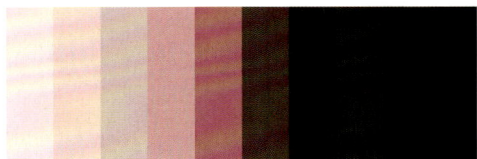
深冬型

深秋型

■ 区别

❶ 冷暖差异

当我们观察一个人的冷暖属性时，重要的是要看整体感觉，而不仅仅是肤色。深秋人的显著特点是其暖色调，带有一丝灰色的黄色基调，素颜时可能看起来缺乏活力。整体上，深秋人带有一种浓郁的金色光泽，皮肤呈现出一种仿佛阳光晒过一样的小麦色，散发出健康的光彩，这种光彩给人一种温暖的感觉，但深冬带来的是一种清冷感和距离感。

深冬季型的人作为两个大季型的过渡，往往具有中性或较深的橄榄色皮肤，有时会被误认为是暖色调皮肤，如李冰冰、巩俐、周韵等，她们的肤色乍看之下并不显白，是因为自带的橄榄色调和轮廓的阴影感带来的"深沉感"。

❷ 气质差异

深秋人的气质华丽、奢华、夸张，有着野性美和欧美混血的感觉。深秋人的面部特征多为圆润、饱满，充满女性魅力，非常适合欧美风的打扮。深秋人像是秋季夕阳下金黄色的田野，充满生命力，活力四射且自由奔放，既华丽又大气，性感而勇敢，同时不乏浪漫和张扬。深秋人天生就不适合走纤细精致的路线，往往年轻时就显得较为成熟，如谷爱凌，天生散发着御姐的气场。

而深冬人的气质则截然不同，他们是东方美的代表，硬朗而简约，气韵生动，倔强而霸气，带有一种东方的高级感。高颧骨、方圆脸型等轮廓特征，以及眉眼间的英气，是深冬人独有的。深冬人的直线条较多，与深秋人的曲线感形成对比，这样的轮廓特征增加了面部的对比度。深冬人还特有一种厚重感，这并不仅仅体现在身高或体型上，而是一种氛围，一种高贵典雅和具有威严感的磁场，这是由于深冬与深秋交接，因而继承了深秋的贵族气息。

深冬型的造型风格

深冬人，常以深沉的发色或肤色展现其独特魅力，面部阴影浓厚，线条清晰如雕塑，硬朗且飒爽。他们自然散发出深厚的力量感与高贵典雅的气质，庄严肃穆，一丝不苟，英气勃发，也常常带有一种中性美。以林青霞为例，她在许多男装角色中展现出独特魅力，不仅优雅英俊，而且带有贵公子的风度，毫无违和感。

深冬人冷橄榄肤色居多，具有浓重的发色和丰厚的发量，眼睛黑白分明，充满力量。面部线条直接而具棱角，清冷且肃穆，天生透出一股"厚重感"，展现出东方古典之美和气势磅礴的女王姿态，天生具有领袖气质。

深冬人不适合休闲装，也不适合自然感的大地色系，而是适合高对比、线条硬挺、黑白极简的生活造型，黑白色系和高饱和度的冷色系西装是他们的"本命"穿搭。他们追求清晰明朗、一丝不苟的形象。应避免过于自然随性、凌乱、花哨或模糊不清的装扮，以及柔和的氛围感。他们自带贵族气质，因此更适合典雅高贵、简洁的款式，而不适合街头、少女、日系、自然或过于日常的休闲风格。

深冬人的妆发造型

深冬人的发型

深冬人适合的发型特点是整洁利落、光彩夺目。他们的自然气质和骨骼结构非常适合简单而明确的发型设计。在深冬季型的女性明星的发型中，最常见的发型是完全露出额头的"大光明"发型，这要求头发被打理得一丝不苟，避免过多的刘海或碎发，摒弃了复杂烦琐的设计元素，显得干净利索。这样的发型很适合用在红毯等正式场合，能够使深冬人成为焦点，直接展现出深冬人的独特魅力和高贵气质。另外自然感的长直发也非常适合深冬人，它强调了他们自然的线条美。油头或所谓的"大佬风"，同样适合深冬人，它既体现了他们的硬朗特质，又为其增添了一份难以抗拒的魅力和权威感。

深冬人的染发建议

深冬人适合深沉、浓郁的发色，这些颜色能够完美衬托出他们的高贵和典雅。

▌推荐色彩

深棕色、深蓝色、深紫色和深酒红色，这些颜色既符合深冬人的气质，又能在各种场合中突出其独特风格。

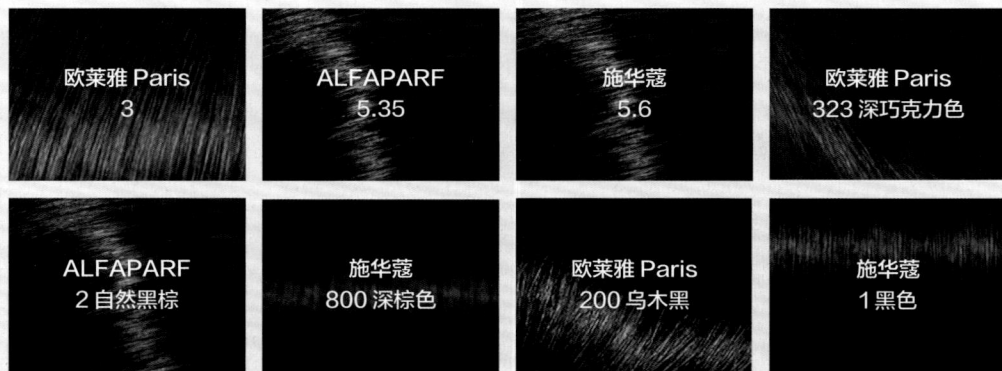

欧莱雅 Paris 3	ALFAPARF 5.35	施华蔻 5.6	欧莱雅 Paris 323 深巧克力色
ALFAPARF 2 自然黑棕	施华蔻 800 深棕色	欧莱雅 Paris 200 乌木黑	施华蔻 1 黑色

▌避免色彩

避免过于鲜艳或浅的色彩，如金色、浅棕色、亮红色等。这些颜色可能会减弱深冬人的气势和贵族感，不符合他们的气质。

深冬人化妆建议与指导

深冬人五官比例极为大气和谐，化妆的基本原则就是强化面部明暗对比，他们尤其适合突出受光面的妆效。例如巩俐妆容中明确的高对比立体轮廓，漆黑而强烈的全框眼线，清晰而有力的眉型，这样的妆容尽可能简化了其他色彩，能凸显其强烈的个人气质，使人显得雍容华贵。

深冬人可尝试的是经典的淡眼红唇妆或是更为大胆的重眼重唇妆容。以巩俐和李冰冰为例，其眼神尤为犀利且充满力量，面部的硬挺度使得粗黑的眼线格外适合她们。巩俐的全框黑眼线配上裸唇，完全不影响她那种君临天下的气势。然而，深冬人应避免使用大面积晕染的眼影，因为晕染强调的是氛围感，而深冬人需要的是清晰、有界限的色彩，晕染会显得脏乱，影响妆容的高级感。

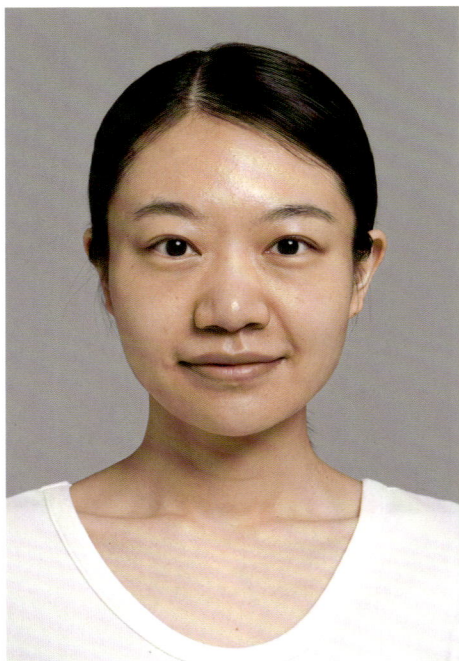

素颜 ▲

正确妆容 ▶

错误妆容 ▶

深冬人的眼影

深冬人的眼妆宛如冬日夜空般深邃而神秘。在选择眼影时，他们适合选择高对比度的深色调、哑光质地的眼影，优雅、高贵又内敛。在色彩选择上，饱和的蓝色系、深蓝绿色系、紫棕色系和灰黑色系的眼影是他们的绝佳选择，能衬托出深冬人的坚定、犀利、神秘、尊贵和力量感。

眼影选色

眼影推荐

Lancome
14 Smoky Chic

Pat McGrath
Subliminal

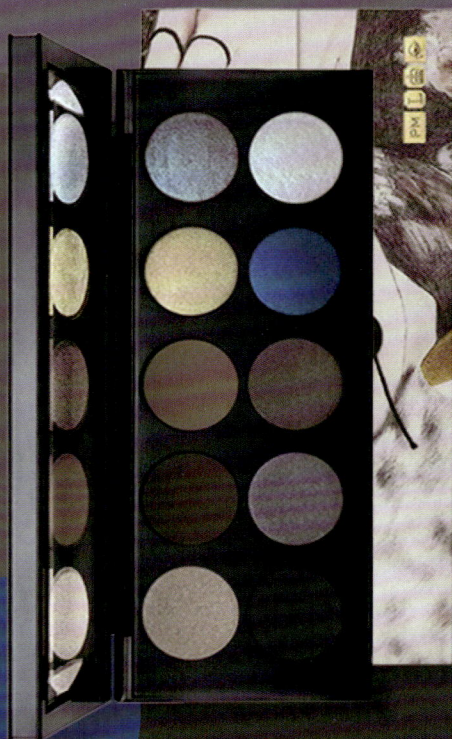

Dior
079 Black Bow

Natasha Denona
Xenon

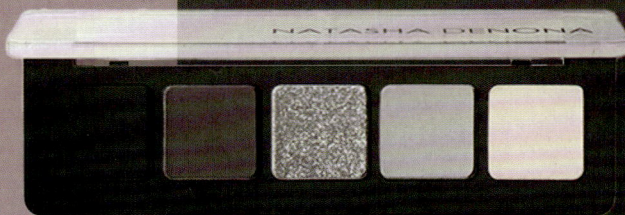

深冬人的腮红

在腮红的选择上，深冬人适合使用若有似无的裸色系或收缩色系，甚至可以使用阴影和腮红通用的色彩，只要颜色能够增强立体感，就能与深冬人的强大气场和谐相融。应避免使用大面积晕染和氛围感浓重的腮红，这样的色彩容易使妆容显脏。对于他们而言，裸色系的腮红既自然又能增强面部的深度和结构，而收缩色系的腮红，则能巧妙地模拟阴影效果，进一步强调深冬人的面部轮廓，与他们的气质完美融合。

腮红选色

干枯玫瑰紫	浅橘棕	深紫棕	豆沙红棕
杏仁橘	浅咖啡棕	粉棕色	古铜红
古铜色	土红棕	裸肤色	紫灰棕色
	浅沙滩灰	灰褐色	深土棕色

腮红推荐

ADDICTION
006M Naked Veil

SUQQU
09 Ayakagerou

橘朵
35

MAC
Harmony

深冬人的口红

多数深冬人属于冷肤色或橄榄肤色，天生就能完美驾驭那些低明度而哑光的色彩，例如带蓝调的冷红色系、深粉紫色系和深红棕色系，这些色彩有厚重感、力量感和权威感，高贵又神秘，十分适合他们。要注意避免不必要的光泽感，越哑光、越深沉饱满，就越显质感。

█ 口红选色

果鸠粉	玫粉色	红芽色	酒红色
浓浆果色	深紫色	莓果色	深粉紫
大红色	猩红色	石榴石色	赤霞珠
小辣椒红	勃艮第红	血浆红	

口红推荐

Pat McGrath
\# Vendetta

NARS
\# Fire Down Below

Dior
\# 886 Enigmatic

Charlotte Tilbury
\# Penelop Pink

4.11
冷冬——高冷干练的霸气高管

冷冬型的季节印象

冷冬是一个独具魅力的季节，白茫茫的雪花落满了大地，深蓝色的天空映照出远处冰川的浩瀚壮阔。冷冬的色彩是冰冷、纯粹的，我们能够感受到明与暗的极端对比。白雪覆盖的山巅和枝头，在冬日的阳光下熠熠生辉。而黑暗的夜晚，星空中闪烁着深邃的蓝色、紫色和黑色，如同银河倒挂，冰冷神秘又美得不真实。

冷冬的黑、白、蓝，让人联想到北极的寒冷和荒凉，却又不失它的神秘和美丽。除了这几个色彩以外，冷冬还有许多绚丽又饱和的色彩，想象北欧冬夜的极光，我们可以观赏到饱和的墨绿色和玫红色在夜空中闪耀。

冷冬人的色彩印象

冷冬型人是最原始的冬季型人，以冷色调肤色为主，眼神明亮清澈，面容特征以肌肤光感较强、轮廓分明、深邃的颜色和鲜明的对比为标志。冷冬型的人肌肤如雪般白皙，少有红润感。他们的眼睛黑白分明，充满生气，头发黑亮而硬朗。这样的特征赋予他们一种大气而典雅的形象，利落而英挺，鲜明独特，散发着一种冷艳的魅力和一定的距离感，充满东方美的神韵。对于冷冬型的人来说，最适宜的是那些纯正的黑、白、蓝色，而温暖的色调和浑浊的色彩则应避免。

冷冬型的人格外适宜鲜明的色彩对比和高饱和度，淡泊的色调反而让他们显得无精打采，失去活力。这类人散发着独立女性的魅力，无需走深秋和暖秋的华丽性感之路，也不适合春季的甜美公主风格。冷冬人的美在于自身的干练与冷峻，其风格是极简而优雅、高级感十足的。

在着装和化妆上，冷冬人应挑选深沉而清冷的色调来凸显自己的自然对比度。服装设计应简洁直观，采用冷色调、鲜明的色块，强调腰线以及硬朗的材质和剪裁。西装和衬衫成为他们的标志性选择，这些单品塑造了冷冬人的职场精英和高管形象，避免了复杂烦琐、模糊不清、昏暗无光的风格。

冷冬人的色彩像冬夜中的第一缕星光，清冷却明亮。基础色中的中世纪蓝与钻蓝深邃有力，静谧而生动，可作为冷冬人的主色调。深紫与玫红色明亮利落，也是冷冬人常用的配色，和他们清晰的五官和立体轮廓完美契合。中性的白色是理想的基底和衔接色，既不过分强烈也能衬托冷冬人的利落气质。

COOL WINTER

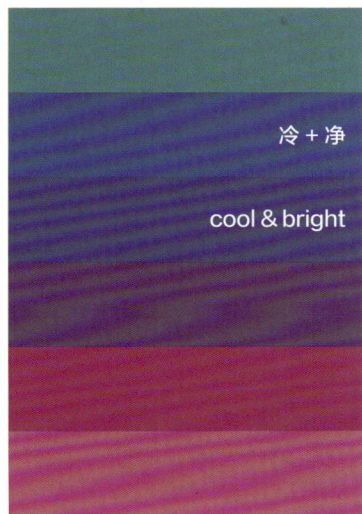

冷＋净

cool & bright

Cool
Winter

净
BRIGHT

冷
COOL

深
DARK

冬
WINTER

冷冬型的基因色彩特征

1. 肤色

冷冬型人的皮肤具有独特的质感，既厚重又光亮，多呈现为青白色或冷橄榄色，透出一种高贵的冷艳。这样的肤色在阳光下可能显得更加明亮，但很少呈现出自然的红润，这使得冷冬型的人带有一种天然的冷静和自信的气质。

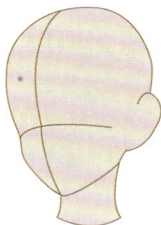 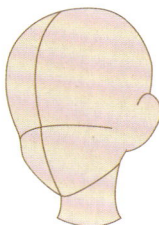 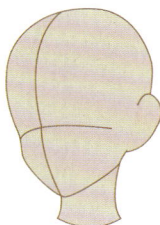

青白色　　　　　　　粉米色　　　　　　冷橄榄色

2. 眼睛

冷冬人的眼白带有蓝色的底色，瞳孔是偏冷的深棕和黑色。冷冬人的眼睛是黑白分明、清澈明朗的，眼神自带犀利感，沉稳而坚定，这也是让冬季人看上去有领导气质的一个原因。

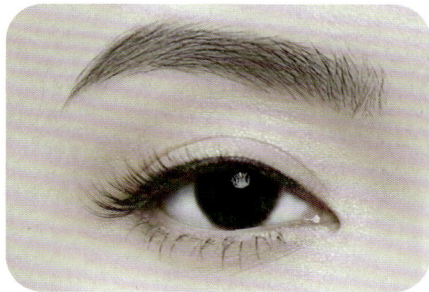 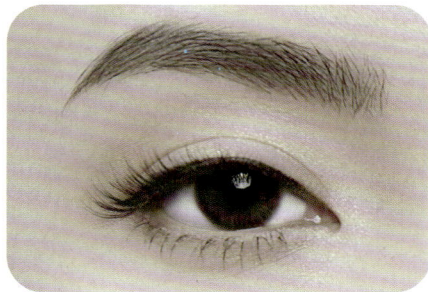

黑色瞳孔　　　　　　　　　　　　　深棕瞳孔

3. 发色

大部分冷冬人都拥有黑亮的头发，这种发色通常具有深邃、浓密的质感，给人一种冷峻而富有力量的感觉。然而，也有一部分冷冬人拥有冷棕或灰黑色的头发，这些发色带有微妙的冷色调，散发出低调且优雅的气质。

深棕色	棕黑色	黑色

■ 4. 对比度

冷冬人的对比度体现在两个方面：第一，他们那乌黑发亮的发色与白皙的皮肤形成了鲜明的对比，清晰而富有视觉冲击力。这样的对比不仅凸显了肌肤的透明感，也让整个人看起来更加精致和立体。第二，冷冬人的眼眸深邃，瞳孔颜色浓郁，而眼白则带有一抹淡淡的蓝色，两者也会形成清晰对比。

高对比度 ← ———————— 中对比度 ———————— → 低对比度

净冬　　　冷冬　　　柔冬

冷冬型的用色规律

冷冬的完整色板

在探讨寒冷冬季的色彩世界时，清新的白色、深邃的黑色以及那透彻的蓝色共同编织出一个纯粹而又冷酷的色彩画卷，仿佛是一个冰雪王国。而在繁星点缀的夜空下，冷冬的色彩得到了另一种诠释。夜幕低垂之时，漆黑的天幕成为了繁星闪耀的绝佳背景。那些眼花缭乱的星河之色、庄严的蓝色、神秘的紫色以及深邃的红色，在这寒冷的季节中找到了自己的位置。冷冬季节的色彩世界是充满了极端对比和寒冷气息的独特景象，既有覆盖着白雪的景色，也有星光灿烂的夜空。

　　冷冬代表了四季色彩中最典型的冬季画面，体现了一种"标准"的冬季色彩搭配。与其他受秋季和春季影响的冬季色板相比，冷冬色板展现了一种独特的"冷"感和"清亮/纯净"的美感，它位于冬季色彩中最为寒冷的一端。其中，清晰的蓝色调因其冷冽之感而显得格外突出，仿佛每一寸空气都被霜雪所覆盖。

　　冷冬的色板覆盖了广阔的色彩范围，即便是在高对比度的颜色之间，深色调的平衡也能巧妙地抵消高明度和高饱和度的色彩，和谐而又富有层次感。

冷冬的色彩三维度

■ 1. 色调解析

冷冬色板以蓝色调为主，几乎不包含黄色调。这种色调强调了冷色系的特点，反映了冬季环境的冷冽和宁静。蓝色调的主导使得整个色板显得更加清爽和纯净，适合表现冬季的寒冷气氛。

| 深冬型 | 冷冬型 | 净冬型 |

更暖更深 ←————————————————————————→ 更暖更净

■ 2. 明度解析

冷冬色板的明度涵盖了从亮到暗的整个范围，以中等明度的纯蓝色为中心。这样的明度分布使得色板整体偏向于较暗的印象，反映了冬季光线的稀缺和夜晚的延长。中等明度的蓝色充当了连接明亮与暗淡色彩的桥梁，增加了色板的层次感。

■ 3. 饱和度解析

典型的冬季色彩以高饱和度、鲜艳和明亮为特征，冷冬色板也不例外。这种高饱和度的色彩使得色板具有强烈的视觉冲击力，反映了冬季色彩的活力和清晰度。高饱和度色彩的使用在视觉上提供了一种鲜明的对比，有助于表现冬季特有的清冽感。

冷冬的姐妹色板

冷冬在四季 12 型色彩轮盘图上位于深冬和净冬之间，它构成了冬季色板的核心，特点是相对于深冬而言，色彩更加明亮、更冷且稍微浅一些。这一特征使冷冬色系在视觉上既清晰又富有层次，带有一种特有的冷清与纯净。深冬和净冬作为冷冬的姐妹色板，同样展现出冷调和明亮的特征，但各有侧重。根据个人在冷冬型中的色彩三维度特征和本身的色彩倾向，可以灵活选择深冬或净冬中的某些色彩进行搭配。

相对于净冬，冷冬的色调更冷，色彩略显深沉，且整体上不如净冬亮。这一差异源于净冬色系对饱和度的极大提升。冷冬通过这种细微的调整，在保持冷调的同时，展现出与净冬不同的视觉感受，更倾向于深沉和细腻的表现。

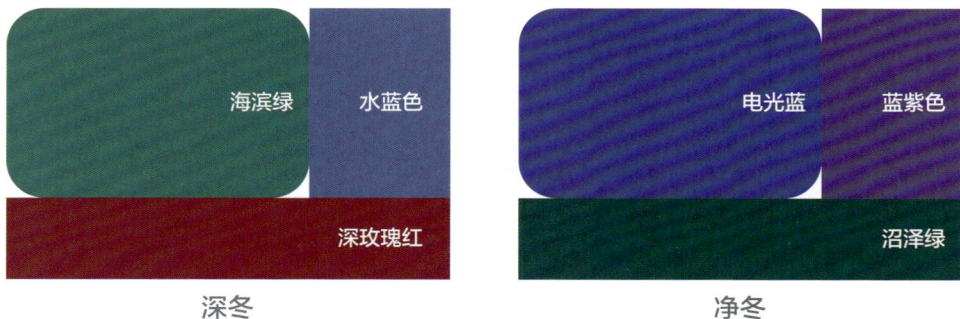

| 海滨绿 | 水蓝色 | 电光蓝 | 蓝紫色 |

| 深玫瑰红 | 沼泽绿 |

深冬　　　　　　　　　　　　　净冬

冷冬的中性色彩

冷冬是最典型的冬季型，最为纯粹的黑色和白色构成了冷冬色板的基础。这两种颜色的纯净度和对比度高，为冷冬色彩提供了强烈的视觉核心。此外，深蓝色和棕色作为深色中性色，为冷冬色板增添了复杂性和深度，同时保持了整体的冷调特性。

除了基础的黑白配色外，浅米色和灰色也是冷冬色板中被大量运用的浅色中性色。这些颜色提供了一种较为柔和的视觉效果，与冷冬色系的主色调形成补充。黑色与白色的组合是冷冬色板中最经典、最常见的配色方案。这一经典搭配以其极致的对比和纯净的色彩，能立即展现出冷冬人利落极简的形象，也代表了冷冬色系的核心特质，即清晰、纯净和强烈的视觉冲击力。

冷冬要避免的颜色

冷冬型色彩以其冷调和清晰度为主要特征，因此，最应避免的颜色便是那些带有暖调和浊度的色彩。这类色彩与冷冬的核心属性冷和净形成了明显的对比，会导致视觉上的不和谐。特别是非常温暖的大地色系，如金橙色和棕色，它们可能会使冷冬人的肤色显得不健康，缺乏活力。温暖的粉彩色调也同样不适合冷冬人，因为它们往往会使得整体配色看起来缺乏协调性，破坏了冷冬色彩的一致性和清晰度。此外，带有灰度的颜色，如灰黄色，会与冷冬人群天生的高饱和外貌色彩产生冲突，影响整体的色彩和谐性。

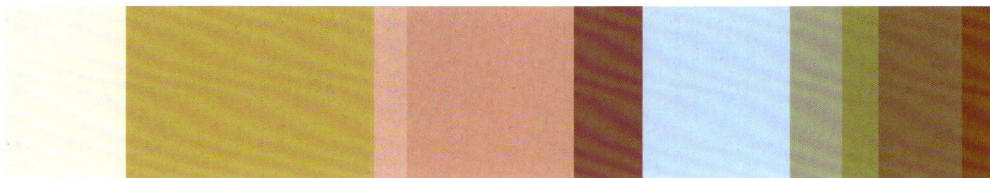

冷冬的配色

冷冬色系中，最经典的配色无疑是黑色与白色的搭配。这种配色通过高对比度突出了冷冬色系的清晰和纯净特点。黑与白的组合不仅简洁有力，还能营造出视觉上的冲击力和深度，是冷冬配色中不可或缺的经典之选。

利用同一色系中相差较大的色彩进行搭配，如玫红色和浅粉色的组合，也是冷冬配色中的常用策略。这种配色方法既保持了色彩的统一性，又通过明度的变化增加了层次感和细腻度。

尽管冷冬色系拥有较高的对比度，但其对比度并不像净冬那般极端。在色轮上位置相对的色彩（如黄色和紫色）可能过于强烈，不适宜直接搭配。一种可行的策略是将中性的灰色与一个鲜艳的色彩相搭配，这种组合能够平衡色彩的冲击力，同时赋予整体配色以和谐而充满活力的感觉。

■ 1. 高对比黑白配色

■ 2. 同色系渐变配色

■ 3. 中性配色与亮色点缀

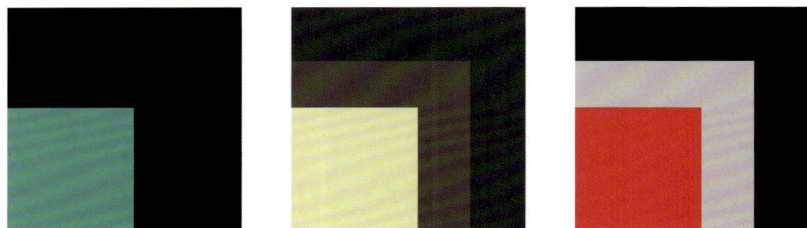

冷冬和冷夏的比较

■ 相似

　　冷冬和冷夏色系作为最典型的冷季型色彩体系，共享若干关键特性，其中最显著的共同点是它们对冷色调的偏向以及对暖色调的低兼容性。这两个季型的色彩体系都强调冷色调的使用，尤其是它们的蓝色底色特征，这一点在彩妆的选择上体现得尤为明显。

❶ 冷色调的主导

　　冷冬和冷夏都以冷色调为主，它们的色彩选择倾向于蓝色的基调。这种色调的选择有助于强调肤色的清透感和自然光泽，同时避免了暖色调可能带来的黯淡感。

❷ **冷皮肤色的特点**

这两种季型的人，肤色通常具有明显的蓝色或橄榄色基调，这被称为"冷皮"。这种肤色特征意味着在彩妆选择上，一般被认为适合"黄皮"的暖色调彩妆并不适合他们。相反，冷调的彩妆，如玫红色的腮红和口红，更能衬托出他们的肤色优势，展现出更加生动和自然的美感。

❸ **彩妆选择的倾向**

鉴于这两个季型的人有着共同的冷色调特征，因此他们在彩妆上的选择上避免了目前流行的"黄皮亲妈"色彩，而是更倾向于使用冷调的彩妆产品。这种选择不仅强调了肤色的自然冷调基底，还能增添整体造型的清新感和活力。

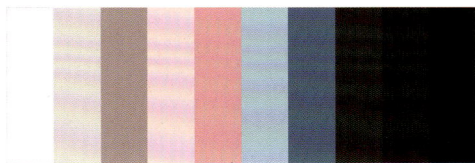

冷冬型

冷夏型

区别

❶ **冬季与夏季的色彩对比**

冬季色彩： 冬季色系以高彩度和低明度为特征，象征着星光的清晰和辉煌。这种色彩特性赋予冷冬人以鲜明的对比度和清晰的轮廓感，使得其面部五官更为立体和突出，类似于高清的视觉效果。

夏季色彩： 相比之下，夏季色系的色彩以低彩度和高明度为主，类似于月光的柔和与明亮。这种色彩配置为冷夏人带来了一种素雅、清冷的仙气，使其整体呈现出柔雾感和朦胧感，像带了一层柔焦滤镜。

❷ **气质与外观的差异**

冷冬的特点： 冷冬人则展现出更为利落和具有距离感的气质，对比度高，量感较大，面部特征清晰，轮廓感强烈。

冷夏的特点： 冷夏人的气质更加素雅和清冷，对比度虽为夏季中最高的，但相较于冷冬来说仍较低，立体感不强，量感较小，更适合柔白色和带有灰调的色彩。

❸ **色彩与材质的选择**

冷冬人群则适合使用纯净和高饱和的色彩，如纯黑色，这类色彩能够强调冷冬人的清晰感和立体感。冷冬人适合纯白色和高饱和的黑、白、蓝色彩，穿衣风格倾向于简约设计、直线条的硬挺材质的服饰，如西装衬衫，更能突出其力量感。

冷夏人群更适合使用带有灰调的柔和色彩，这些色彩与其柔雾感和朦胧感的整体气质相匹配。在着装上，冷夏人偏好冷色调且优雅的风格，适合柔软材质的服饰，如毛衣、针织衫和轻薄材质的裙子，以体现其优雅和柔和的气质。

冷冬型的造型风格

冷冬人最明显的特征就是"寒冷感"，其肤色为冷调，整体用色和光感处在冬季型的中间。从冷冬季节开始，大色块、大受光面、深净色彩，这些冬季精髓就展现得越来越明显。冷冬人肤质的厚度适中，深冬人适合的大光明发型和净冬人适合的大波浪发型，冷冬人都不是特别适合，他们适合一头乌黑厚重的长发，并以一点轻盈的发丝来点缀。

穿衣方面，冷冬人需要用深、冷、净色，来突出自己的对比度。服装造型适宜简单，可采用对比度强、简明的大色块，以及硬挺的材质和有腰线的剪裁。西装和衬衫是最常用的，适于为冷冬型人打造职场精英和高管造型，忌繁复软塌、模糊浑浊、沉重无光的服装。

冷冬人的妆发造型

冷冬人天生直线条，棱角分明，对比度高，很适合简单利落的发型。无论是中短发还是长发，简单的直线条就能凸显冷冬人的特质，或最多带一点轻微的自然弧度，不能采用性感成熟的大卷发。发型要整齐，不需要烦琐的纹理感，讲究有一整片的黑发，不能凌乱和细碎。可以披发，也可以扎起来，同样都要求尽可能干净、整齐、利落。

冷冬人的染发建议

对于冷冬人来说，与他们的天然肤色和季节特征最匹配的是原生的黑发色。这种色彩不仅强调了冷冬人特有的寒冷感和高对比度，而且与他们冷调的肤色形成了完美的和谐关系。如果决定尝试染发，冷冬人应该尽量避免任何带有黄调的色彩，因为这些色彩与他们的季节特性相违背，可能会使整体造型显得不协调。相反，带有玫瑰色、冷棕色、蓝黑色或灰棕色调的深色染发剂是更为理想的选择。

卡尼尔 5.12 皇家紫	施华蔻 5.99 紫罗兰	欧莱雅 Paris 4.14B	欧莱雅 Paris 3	ALFAPARF 1.11 蓝黑色
施华蔻 3.222 深灰棕	欧莱雅 Paris 200 深黑棕	卡尼尔 2.11 铂黑	施华蔻 1 黑色	欧莱雅 Paris 210 蓝黑色

冷冬人化妆建议与指导

冷冬人的妆容，要遵循"淡眼浓唇"的原则，以简约高级的红唇为核心，配合利落的眉形和有力度的眼线，营造出独具态度又有东方美感的效果。淡眼的意思，指的是眼影的色彩要淡化，甚至不需要出现明显的眼影，也要避免使用大面积的烟熏妆或大地色，如果画眼影的话，推荐采用细致的包裹式画法来勾勒眼部轮廓，确保妆感既饱满又清晰。

在腮红的使用上，可根据个人偏好选择几乎不可见的浅色调，如能够消除肤色黄气的腮紫，或用以提亮面部的腮蓝，强调脸部的立体感。在唇妆方面，可选丝绒哑光的大红色、深玫瑰色、蓝调正红、火龙果紫等色彩，以其鲜明和高饱和度的特性，实现唇色的均匀覆盖和清晰的唇线，展现干净利落的美感以及自然的高贵和优雅。

正确妆容 ▶

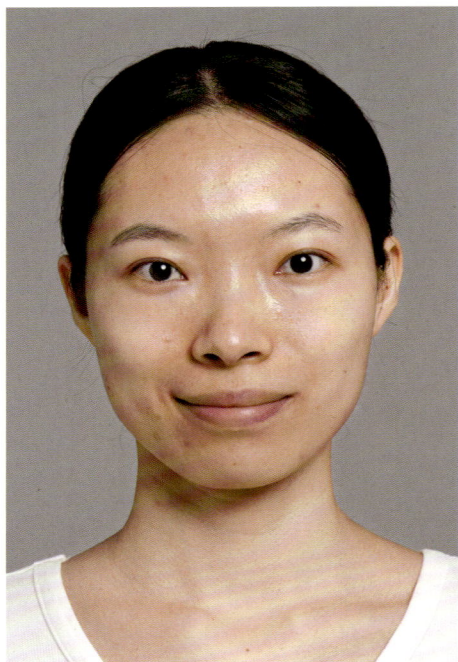

素颜 ▲

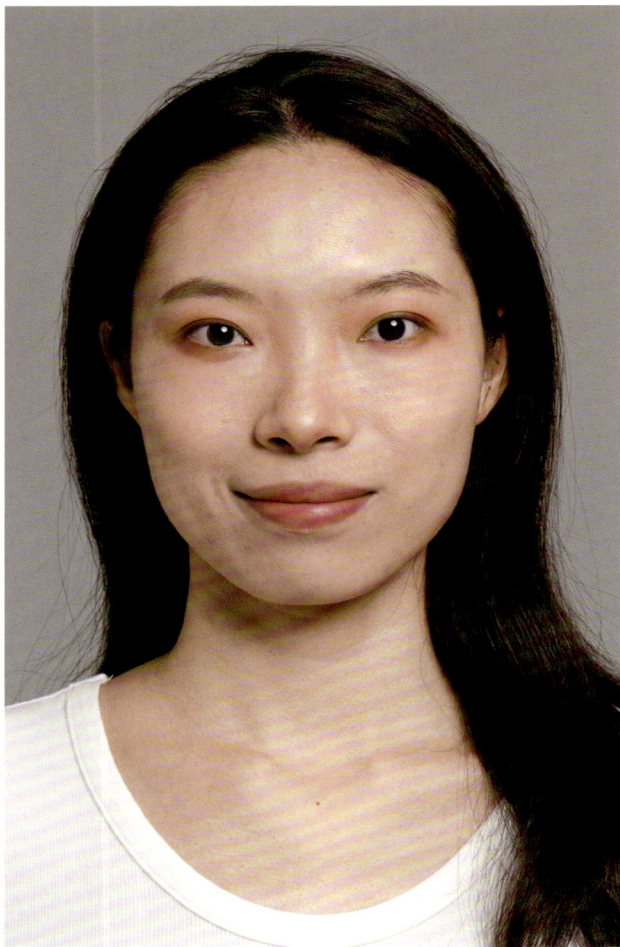

错误妆容 ▶

冷冬人的眼影

推荐使用饱和度高且颜色浓郁的冷色系眼影，如灰色系和紫色系，避免使用大地色系和大面积的烟熏妆效。眼影适合采用细致的包裹式画法，即在眼睛轮廓周围精准地勾勒和填充，以突出眼部的轮廓感。这种画法强调了眼线的清晰和眼影的精确涂抹，避免了妆感的寡淡或浑浊，也不容易显脏。

■ 眼影选色

眼影推荐

Lancome
 # 06 Reflet D' Améthyste

Charlotte Tilbury
 # The Glamour Muse

Dior
 # 079 Black Bow

Charlotte Tilbury
 # The Rock Chic

冷冬人的腮红

　　对于冷冬人来说，腮红更多扮演着完善细节的角色，不必强调过度的颜色，而是应将腮红用于提升肤色的自然感和增加面部的立体感。推荐使用几乎隐形的淡腮红，如带有一定膨胀感的腮紫色，可有效去除肤色的黄气，增加面部的健康气色；或选择透明度高的浅腮蓝色，以提亮面部轮廓，强调立体感。在应用腮红时，应轻轻扫过脸颊最高点，以轻盈的手法使用刷具，确保色彩自然融入肤色，避免产生过于明显或浓重的效果。

腮红选色

芭蕾舞步粉	糖果粉	森林粉红	深草莓粉
桃红玫瑰色	婴儿粉	薰衣草粉紫	粉珍珠色
浅粉红	紫粉色	浅粉色	浅紫红
	野兰花粉	树莓红	浅玫瑰紫

腮红推荐

Clinique
15 Pansy Pop

花知晓
35

橘朵
#52 海盐泡泡

MAC
Full of Joy

冷冬人的口红

　　对于冷冬人而言，口红是妆容中必不可少的重要元素，它能显著影响整体的气质和风格。冷冬人适合选择浓郁且艳丽的口红色彩，如正红色系、深玫红色系和冷调红色系。这些色彩的低明度和高饱和度特点与冷冬人的肤色和季节特性相匹配，能瞬间塑造属于冷冬人的冷艳和利落。要避免采用饱和度低的豆沙色或裸色，这些色彩可能会使妆容看起来暗淡无光，甚至显老。

■ 口红选色

车厘子红	深紫红	树莓色	莓果色
深玫粉	深红色	玫瑰紫	皇家紫
桃红玫瑰色	玫瑰红	果酱紫	深粉紫色
紫菀菊	洋紫色	紫玫瑰	

口红推荐

Pat McGrath
Vendetta

NARS
Red Lizard

Three
09 Free Love

Chanel
132 Endless

4.12
净冬——美艳明丽的浓颜女主

净冬型的季节印象

净冬也被称作亮冬，是一个既鲜艳又有冰冷感的季节。在 12 季型的色彩体系中，净冬位于冷冬与净春之间，相比之下，它倾向于更加冷的调性。净冬与净春都是冬春季节交融的产物，其中净春偏向春季的明快色调，而净冬则偏向冬季的深沉色彩。你会发现净冬人的颜色不仅鲜艳、饱和、明亮，还能以非常大胆又丰富的效果搭配在一起，就像净春人的美一样无法忽视。

净冬人会让人联想到冬末初春，一个充满了变化和神秘感的季节，天气转暖，大雪融化，万物复苏。这个季节的色彩从冰冷的黑、白、蓝、灰，逐渐转变为充满生机和活力的艳粉色、宝蓝色、大红色。玫红色也是净冬代表色之一，就像是梅花、桃花的颜色，充满生命力。

净冬人的色彩印象

在四季色彩理论中，净冬季型融合了冬季的高贵冷艳和春季的生机活泼，成为一种独特而迷人的色彩类型。这个季型的人通常对高饱和度和明亮的色彩具有很强的适应性，适合穿戴鲜艳且醒目的颜色，展现出令人难以忽视的压制性美貌。净冬型的人拥有明星般的光环，无论是低调还是高调的装扮，都不显浮夸，而是散发着高贵的气质。

从外观上看，净冬型的人通常拥有流畅而丰满的脸型、大而明亮的眼睛和立体的五官。他们的眼睛像闪烁的宝石，头发柔顺如绸，皮肤散发着一种冰冷的晶莹光泽。净冬型的人在不笑时带有一种高冷的氛围，但一旦展露笑容，便能立刻释放出炽烈而明朗的光芒。

此外，净冬型人的特征还包括白皙且略带青色的皮肤，脸颊少有红晕，眼睛明亮且眼白为冷白色，头发颜色一般为黑色或深灰色。他们在现实生活中给人的感觉就像 4K 高清影像一般清晰、生动，让人印象深刻。

净冬型的色彩魅力在于其无与伦比的鲜明与冷艳，如同深冬的夜空之下闪耀的繁星，既明亮又鲜明，带着一种无法忽视的力量。这一季节的色调以冷色调为主，却在冷艳中蕴含着无限生机，例如深蓝、紫红、鲜艳的玫红色以及抢眼的冷黄色。

净冬人最适合的是那些能够展现其独特魅力的色彩，它们让净冬人自如地展露自己的线条美。灰暗或过于柔和的服装与净冬人不搭，可能会使其看起来失去活力、黯然失色。尤其是莫兰迪色系这样的低饱和度色彩，会让净冬人显得灰头土脸，无法展现其本该拥有的光彩与活力。而高饱和的冷色系能够衬托出净冬人皮肤的光泽，更能让其在任何场合中都成为无法忽视的焦点。

BRIGHT WINTER

净 + 冷
bright & cool

Bright
Winter

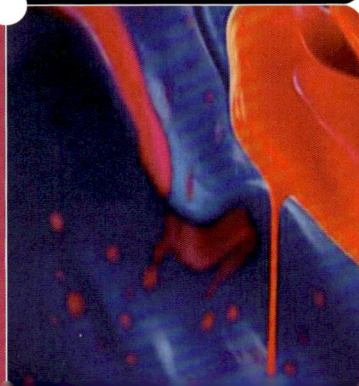

净 BRIGHT
冷 COOL
深 DARK
冬 WINTER

净冬型的基因色彩特征

1. 肤色

净冬人的肌肤呈现出一种独特的冷调或中性色调，质地较为厚实且自带光泽。他们的皮肤看起来会有一种清晰的青白色，而脸颊则不易显现红晕。在亚洲，净冬型的人通常拥有特别白皙的肤色。

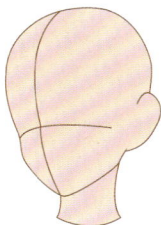 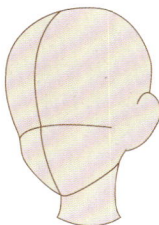 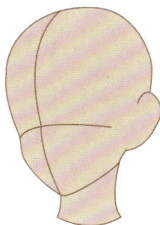

奶油粉　　　　　青白色　　　　　中性米肤色

2. 眼睛

净冬型的人拥有引人注目的眼睛，它们大而明亮，仿佛闪烁着光芒，清澈如同玻璃珠。其眼睛通常呈现深棕或黑色，眼白和虹膜周围略带冷色调，呈现出一种干净且透明的感觉。他们的视觉对比度很高，使得眼睛的黑白分明，更显得深邃而有吸引力。

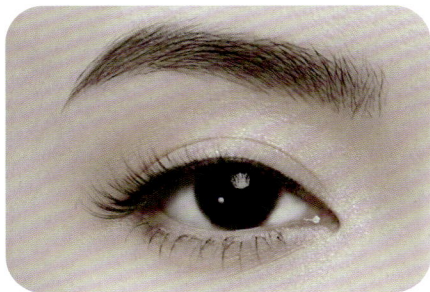 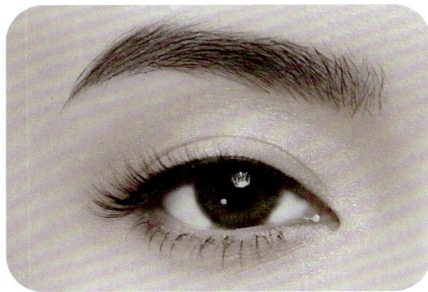

黑色瞳孔　　　　　　　　　　　　深棕瞳孔

3. 发色

净冬型人的特征之一是他们那厚实且富有光泽的黑发，如同黑色绸缎般闪亮，主要呈现为黑色或黑灰色调。这样的发色，结合他们天生的雪白肌肤和明亮的眼睛，就营造出一个经典的"黑发雪肤、明眸皓齿"的形象，既高贵又引人注目。

深棕色	棕黑色	黑色

■ 4. 对比度

　　净冬型可以说是在所有季节类型中对比度最高的类型。这种对比不仅体现在皮肤、头发和眼睛之间，连虹膜与眼白的对比度也格外突出。这一季型的人五官立体，长相大气美艳，整体给人的感觉就像是 4K 高清画质的影像一般，清晰且细腻。这样的高对比度不仅让净冬人的外貌显得更加鲜明生动，也让他们带有一种无法被忽视的闪耀的美。

高对比度 ←――――――――――――――― 中对比度 ――――――――――――――――→ 低对比度

净冬　　　　　　　冷冬　　　　　　　柔夏

净冬型的用色规律

净冬的完整色板

　　净冬色板的灵感来源于冬季的自然景象，当阳光洒在雪地上，反射出耀眼的光芒，整个世界变得异常明亮和璀璨。这种独特的色彩，既鲜艳又充满了梦幻般的不真实感，仿佛夜空中绚烂的极光，或是宇宙深处辉煌的银河，显得既神秘又浩瀚。

　　净冬的色彩包含了明亮纯净的蓝色、生动的粉红色和紫色，这些色彩既明亮又鲜艳，带有宁静、神秘和强烈的力量感。其色板结合了"清澈"与"冷"的元素，呈现出极端的浓淡对比和鲜明的亮度。

　　位于冬春交界的净冬，其色彩以冷色调、深沉和饱和度高为主要特征。然而，春季的微妙影响使得净冬的色彩比起冷冬来说，不仅增加了明亮度，还具有一丝温暖，因此其色彩更加轻盈、明快。这让净冬成为四季之中色彩最为强烈、最为鲜艳的季节，既保持了冬季的清冷，又添上了春季的鲜艳和明快。

净冬的色彩三维度

1. 色调解析

　　理解净冬色调的关键在于掌握色相的概念，它是颜色的其中一个基本属性，描述的是颜色在色环上的位置。净冬的色彩主要倾向于冷色调，但达不到极端的冷。观察净冬的色板，我们会发现一些黄色，也就是代表温暖的颜色相对较少，即使出现黄色调，也是带有一丝冷冽的蓝色基调。相比于黄色，净冬色板中蓝色、粉红色和紫色的出现频率更高。这些颜色均基于自然界中的蓝色基调，从而确保了整个色板偏向冷色调的统一性。

| 冷冬型 | 净冬型 | 净春型 |

更冷更深 ←——————————————————————→ 更暖

■ 2. 明度解析

净冬色彩的明度覆盖了从极亮（如纯净的白色）到极暗（如深邃的黑色）的广泛范围，尽管如此，这一季型的颜色仍多倾向于中等明度。这种中等明度的色板之所以给人略微偏暗的总体印象，主要是由于蓝色基调的加入，这增强了颜色的饱和度，也让视觉感受更偏向深色调。

■ 3. 饱和度解析

净冬色彩以极高的饱和度著称，展现出非常鲜明、明亮和生动的色彩印象。在四季色彩体系中，净冬的色彩饱和度是最高的，可以说是最具冲击力和最让人印象深刻的季型。

净冬的姐妹色板

净冬型在色彩轮盘图中的位置位于冷冬与净春之间，靠近冬季色板的春季端，是冬季色板的核心。其色彩比冷冬的颜色更明亮、更轻盈，且稍带一点温暖。与净春型相比，净冬的色彩同样光彩夺目，但更为清凉且稍微深沉。春天的气息为净冬色板带来了一丝暖意，让色彩变得更加灿烂，色板也被略微提亮了。

作为净冬的姐妹色板，冷冬与净春各自与净冬共享了清凉和明亮的特点。通常可以从姐妹色板中借用一些色彩，因为它们与净冬的色彩足够接近。如果更倾向于冷冬，那么可以选择冷冬色板中更明亮的颜色，例如青黄色、玫瑰红以及维多利亚蓝。而如果更倾向于净春，那么可以从净春色板中选取更冷的色彩，如皇家紫、法式蓝以及军绿色。

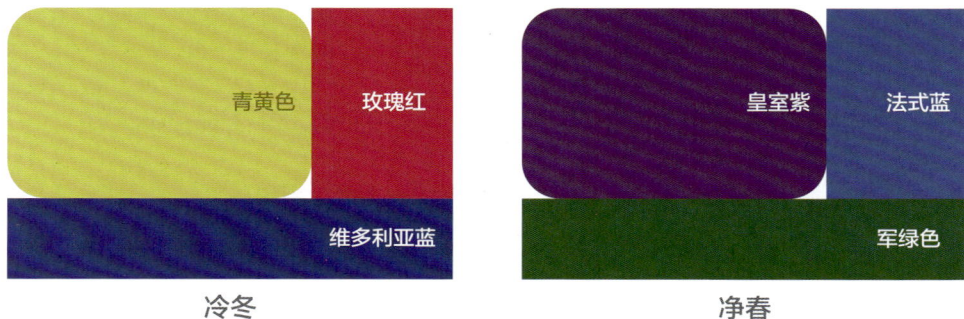

| 青黄色 | 玫瑰红 | 皇室紫 | 法式蓝 |
| 维多利亚蓝 | | 军绿色 | |

冷冬　　　　　　　　　　　　　　净春

净冬的中性色彩

净冬色板中的中性色彩与整体色板的色彩特征一致，展示了从极浅到极深的对比效果。作为冬季色板的一员，净冬色板中一定会有黑色，它的黑与冷冬型的深蓝黑相比，只有细微的差异，通常是能够柜互替代的。此外，色板中还有非常深的炭灰色，可作为深色中性色的完美代表。色板上也不缺少纯净的白色、浅灰色和浅米色等柔和的选择。

需要注意的是，对于净冬类型的人而言，单独的黑色或白色，或者黑与白的组合，会显得过于严肃和单一，并不能充分突出他们的特质。在着装时还要加入一抹更明亮的色彩，这更有助于提升整体造型的活力和效果。

净冬要避免的颜色

净冬型的色彩中，饱和度高且偏冷的调性占主导地位，要尽量规避暖调、柔和的色彩。特别是橙棕色和金黄色这样的色彩，会与净冬自身的冷色调形成强烈冲突感，打破其色彩的和谐。此外，淡土色系中的浅金色和柔和棕色也不太适合净冬类型的人，这些色彩可能会使净冬类型的人看起来肤色偏黄，甚至显得有些疲惫。

净冬的配色

净冬人的外貌特征是具备自然高对比度的，所以造型配色上要尽量还原高对比和高清晰度。注意，同色系的深浅对比是不够的，黑色和白色的对比也不是最佳的。

净冬色板的特点是在色彩的对撞中找到平衡，互补色就是很好的配色选择。例如热烈的粉色与清新的青绿色碰撞，这样大胆而不常见的配色，最能够衬托出净冬人的明艳鲜亮特质。深色中性色与鲜艳色彩搭配也很适合净冬人，例如黑色的深邃与明黄色的活泼形成鲜明的对比，使整体造型显得既有能量又很有活力。也可以采用更加细腻的配色方式，例如选择浅灰或浅米色作为基底，再点缀以鲜艳的色彩，如热烈的红色或深邃的宝石蓝。

净冬的色彩搭配不仅仅关乎颜色本身，还关乎色彩之间的和谐与冲突，是对明暗、冷暖、饱和度的精妙操控。在净冬的配色法中，我们追求的是既有力量感又能展现个性的配色艺术。

1. 色相对比

2. 深色中性色与鲜艳色彩搭配

3. 浅色中性色与鲜艳色彩组合

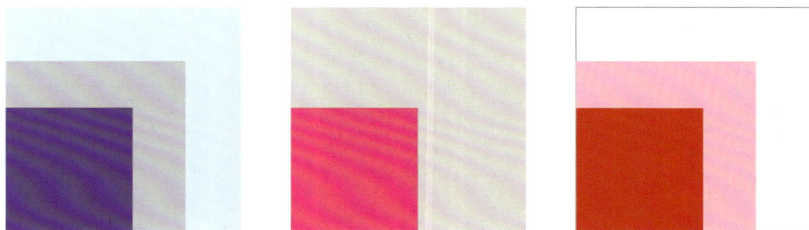

净冬和净春的比较

相似

净冬与净春，这两个季型都在季型轮盘图的最顶部，也都会受到对方的影响，有一些重叠的特征。二者给人带来的第一印象都是"净"，在色彩和五官特征上也都表现出卓越的清晰度和对比度，给人明艳大美人的深刻印象。无论是净冬人还是净春人，他们的肤色首先给人的感觉都是白皙或中性，且不易辨认出明显的冷暖色调。

这两个季型的人五官具有共同点，轮廓立体，光影对比感强，瞳色深沉，眼神明亮且对比强烈，头发乌黑且有光泽，表现出经典的"黑发雪肤"。在色彩应用上，净冬与净春对冷暖色调要求的严格度较低，但两者都适合黑色，并能通过高对比度的搭配使自身更加鲜明。妆容和服饰应强调清晰度，避免色彩模糊不清。同时，适合使用高亮度材质和配饰，尽量避免选择暗淡或复古旧感的颜色。

区别

净春不适合只用黑色调的单一配色，更适合春天般的活力色彩，强调高彩度、高明度的清透色调。例如，晨曦下的明亮花瓣色、春日晴空的湛蓝，能够展现净春的轻盈感。而净冬则应选择反映冰雪和星空的色彩。净春适合小碎花图案，净冬则适合大块色彩。

冬季如同星光，高彩度，低明度；春季则如阳光，高彩度，高明度。净冬更受冬季星光的影响，而净春则更具春季的阳光特质。

净春人适合活泼、充满活力的装饰，可爱的装扮也不会显得不搭，而净冬人则适合更加夸张、华丽的饰品，这些不会夺去他们的风采。

在金属色彩的选择上，净春人更适合金色，净冬人则更适合银色。在化妆品色调上，净冬人适合蓝调的口红，净春人则适合橘调的口红。

净冬型

净春型

净冬型的造型风格

净冬作为冬季的最后一个季型，让人联想到冬末初春，大雪融化，万物复苏，一枝在冬日大雪里绽放的红梅，清冷却艳丽。净冬作为冬与春的交界，混合了冬的冷艳大气和春的明媚女人味，净冬人天生具有高饱和度，最适合艳丽的色彩，有着压制性的美貌，再高调的风格也不会显夸张，妆后光彩夺目，艳压群芳，是天生的女明星。

净冬型人以饱满的面庞、炯炯有神的大眼睛和立体的五官而著称，是标准的浓颜系美人，能轻易驾驭那些明亮且饱和的色彩。净冬人的美貌带有一种强烈的存在感，适合大胆、高调且鲜明的造型风格。在色彩的选择上，亮丽的糖果色调能令其肤色更加白皙，凸显其耀眼至极、光彩夺目、神秘又大气的明星气质。

净冬人的妆发造型

　　以清晰的眉形和眼线为基础，配以一抹醒目的红唇和浓密的睫毛，就足以衬托出净冬人天然的美。哪怕是在素颜的情况下，只要涂抹上鲜艳的大红唇膏，穿上一袭华丽的红裙，净冬人立刻就能容光焕发、明艳动人。净冬人很适合出现在盛大的场合，如红毯、晚宴和颁奖礼上，他们就像行走的彩虹或明媚耀眼的太阳。

净冬人的染发建议

　　大多数冬季类型的人，色板中不太可能出现天然金色和红色。净冬人的美超凡脱俗，犹如女神降临。净冬人具有高清、高饱和的外观，因此戴假发也毫无违和感。

　　在颜色方面，他们很适合饱和的发色，例如酒红色、巧克力樱桃色、红宝石色、深紫色、黑色。而蓝色系对于净冬人来说有点过于清冷，毕竟净冬与春季相接，会受到暖色的影响，最暖的色彩范围就是浓郁的巧克力棕，这也是净冬人发色冷暖的分界线，不能选择比这个颜色更暖的发色了。

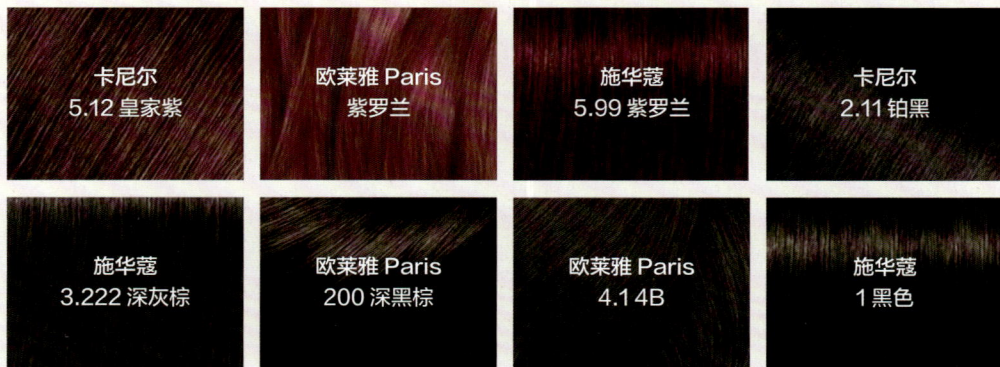

卡尼尔 5.12 皇家紫	欧莱雅 Paris 紫罗兰	施华蔻 5.99 紫罗兰	卡尼尔 2.11 铂黑
施华蔻 3.222 深灰棕	欧莱雅 Paris 200 深黑棕	欧莱雅 Paris 4.14B	施华蔻 1 黑色

■ 净冬人化妆建议与指导

在化妆上，净冬人的重点是清晰的眉眼轮廓，而不是过多的色彩层叠或深浅的修容。简洁有力的眉型、锐利的黑色眼线以及浓密的睫毛是净冬人的标志。妆容的核心在于眉眼和红唇，而颊彩则应简约，日常妆容适合冷调的玫瑰色腮红，避免豆沙色等暗淡不清的色系。在正式场合，气场强大的妆容可以省去腮红，仅用高光来提亮即可。

净冬是所有季型中最能驾驭荧光色口红的类型，净冬人最经典的造型就是红唇配一袭有分量感的长裙，这样便能轻松艳压群芳。最佳口红色彩是有荧光感的色彩，如蓝调冷红、正红色、玫红色、玫粉色、火龙果紫，质地从哑光到水光都可。唇部色彩要鲜明、饱和，色彩覆盖度要高且均匀，唇线清晰、干净利落。

正确妆容 ▶

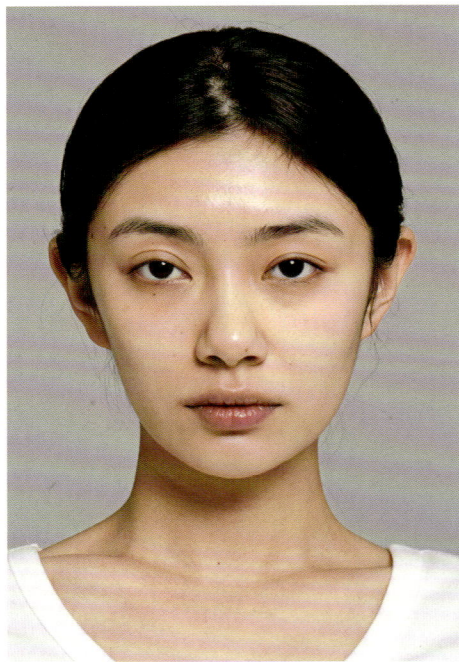

素颜 ▲

错误妆容 ▶

净冬人的眼影

　　净冬人适合高饱和度、对比清晰的眼影色彩，色彩选择应偏向冷色调和高调的亮闪色彩。但应注意，在眼妆上要避免复杂的晕染和过多的色彩堆叠，以免显得模糊和沉闷。他们适合画出干净利落的眉形，用明确的黑色或深色眼线勾勒眼部，营造出清晰而有力的视觉焦点。长而浓密的睫毛可以进一步强化其眼部的深邃感和光彩夺目的魅力。

眼影选色

杏灰色　　暗红色　　青灰色

青石蓝　　海军蓝　　冷紫黑

紫罗兰　　中性棕　　蒂芙尼蓝

眼影推荐

Urban Decay
Stoned Vibes

Charlotte Tilbury
The Glamour Muse

Pat McGrath
Star Wars ™ Edition

Charlotte Tilbury
Smoky Quads

净冬人的腮红

　　净冬人的腮红应该与他们的冷艳气质和高对比度的特征相契合。理想的腮红色彩是冷色调的、鲜艳的、清晰的，能增强皮肤自然的光泽而不会显得黯淡。例如带有细微光泽感的玫瑰色调，可以为净冬人的脸颊增添自然的血色感，同时能与他们的肤色形成明显的对比，契合净冬人鲜明的妆容风格。

腮红选色

婴儿粉 / 森林粉 / 宙斯水粉 / 浓彩粉
桃红玫瑰色 / 火焰粉红 / 甜菜根紫 / 勃艮第紫红
浅粉红 / 肉粉色 / 忍冬红 / 车厘子色
樱桃玫红色 / 活泼紫 / 紫红色

腮红推荐

花知晓
#01 蓝色月光

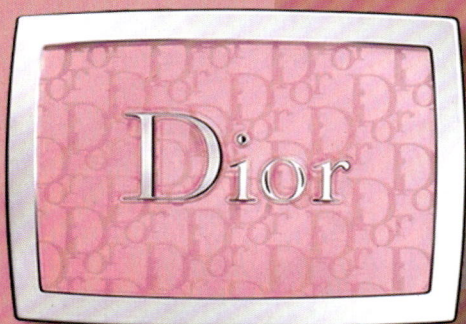

Dior
01 Rose Glow

橘朵
#52 海盐泡泡

Chanel
110

净冬人的口红

　　对于净冬人来说，口红不仅仅是妆容的点睛之笔，更是提升整体形象气质的关键。他们适宜选择强烈、明亮的口红色彩，如蓝调红色系、鲜艳的粉紫色系、樱桃红色系，或有荧光感的玫红色系。在唇妆的画法上注意，一定要使唇妆覆盖力强，唇线清晰、干净利落。净冬人在选择口红时应当避开那些明度过低或色彩过于柔和的颜色，例如泛黄的豆沙色或过分自然的裸色，这些颜色容易与他们的肤色产生冲突，会让妆容失去焦点，降低整体清晰又明艳的效果。

口红选色

草莓粉	野兰花色	树莓色	莓果色
忍冬花红	粉红玫瑰	活泼紫	皇家紫
波尔多红	紫红色	玫瑰红	暗紫色
紫菀菊	车厘子色	紫罗兰色	

口红推荐

YSL
08

NARS
Don't Stop

HOURGLASS
Icon

MAC
All Fired Up

CHAPTER FIVE

298   什么是四季色彩测色布?

299   如何正确使用测色布?

306   RGMA PRO 东方色彩体系

P297~P307

第 5 章

测色布
使用教程

5.1
什么是四季色彩测色布？

　　四季色彩测色布是一种用于色彩分析的主流工具，用测色布为人们模拟出不同的色彩环境，当不同色布放在脸的下方时，色彩与光线相互作用会造成脸色的变化，通过观察这些变化，可以帮助人们确定他们的肤色与哪个季节类型最为匹配，以便他们选择最适合自己的颜色。这种分析也是基于四季色彩的核心理论，即人们的肤色、瞳色和发色与某些颜色组合更为协调，这些颜色组合被分为春、夏、秋、冬四个季节类型。

　　这些年来，我一直致力于四季 12 型色彩风格的深度研究和体系教学，陆陆续续地使用过国内外十几套不同品牌的测色布，却没有一套能完全符合我的要求或能与中国女性基因色彩的特质相契合，于是，我决定亲自设计一套。

设计理念

RGMA PRO 测色布以中国女性的基因色彩特征为参考，灵感源自对色彩的深刻洞察和专业造型顾

问的实际需求。市面上多数测色布只是以季节色彩属性去排布的，这样得出的测试效果不够准确。而真正有效的测色布，要基于人的三大基因色维度、六大色彩特征来研发，并将独特的、属于中国人的色彩核心理论融入进去，帮助色彩造型顾问更加高效、精准、便捷地得出结论。

整套测色布共 86 张布，由 14 张拼色和 72 张单色色布组成，每一张布的右下角都印有 RGMA PRO 独家色彩系统的色号。未来我也会继续研发新色，来继续完善和补充我们这套色彩系统。

5.2
如何正确使用测色布？

测色准备工作

❶ 在进行面部色彩诊断之前，确保已经做好了卸妆和面部清洁，素颜的状态可以保证对面部状态变化的观察更清晰，色彩测试的结果更准确。

❷ 在进行色彩诊断时，可以使用全白的围布，如果没有的话，请穿着 U 形领口的白色上衣，原因是白色不会对肤色造成任何影响。

❸ 面前放一面中等大小的化妆镜，用于观察测色布的效果。

❹ 确保在测试的过程中光线充足，要注意，光线太暖、太冷、太亮、太暗都是不利于观察的。最好

是在家中靠近窗口的自然光下进行，这样能减少不同的室内光源和阴影的干扰，更真实地反映色彩对面部皮肤的影响。

正确光线

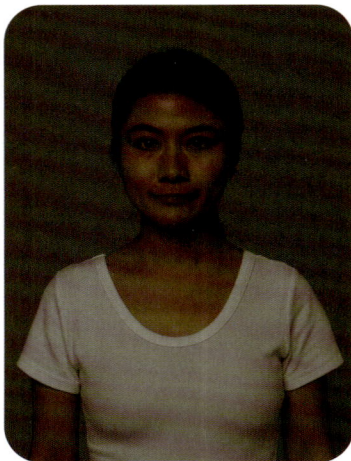

光线太暗

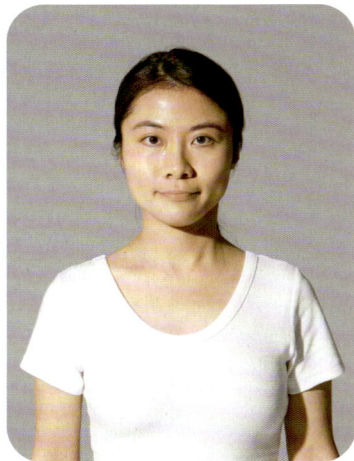

光线太强

光线太冷

光线太暖

光线不均匀

如何观察色彩

❶ 在观察测色布为脸部带来的变化时，不是仅仅看脸是否变白，而是要观察整体的气色和均匀度。适合的色彩群会让脸部阴影减少，泪沟、黑眼圈、法令纹、斑点等瑕疵都会变得不那么明显，所以脸部整体会变得自然而均匀，五官更加有立体感，同时会有视觉上的提亮效果，人也会显得更有气色。相反，用到了不适合的颜色，小瑕疵会变得更明显，脸部也会出现暗沉，显得疲倦或者像生病了。

W02 Mustard / WARM TYPE

W03 Blue Jade / WARM TYPE

W04 Peach Pink / WARM TYPE

W05 Forest Green / WARM TYPE

B01 Trypan Blue / BRIGHT WINTER

B02 Violet / BRIGHT WINTER

B03 Persian Lixury / BRIGHT WINTER

B04 Magenta / BRIGHT WINTER

B05 Sunflower / BRIGHT SPRING

B06 Tomato Red / BRIGHT SPRING

B07 Emerald / BRIGHT SPRING

B08 Fiery Rose / BRIGHT SPRING

❷ 在使用测色布时，还要去观察整体是否有融合感。正确的色彩会让人觉得脸和色彩是和谐的、一体的、视觉上很舒适的。不适合的色彩看上去有剥离感，人和色彩无法融合在一起，甚至色彩会使人脸黯淡无光，或者显得突兀。

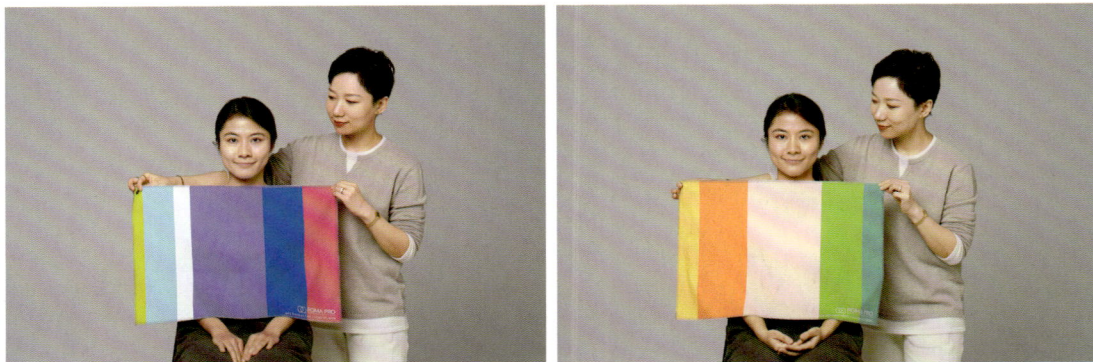

使用流程说明

面对镜子，确保测色布完全覆盖肩膀部分，色布拿得太低或者歪斜都是不正确的。

正确用法　　　　　　　　　　错误用法　　　　　　　　　　错误用法

先试用 10 张拼色测色布，拼色布是基于人的基因色彩六大特征来设计的，为人创造出了一个模拟的色彩环境，可以初步测出人的冷暖、净柔、深浅，每一块布的右下角都标注了特征、编号、色名。这一步骤结束，已经可以得到 80% 的结论了。

Step1 测色相——冷或暖

从这一步可以看出，模特更适合冷色的色彩群，冷色让她的五官看起来清晰立体，肤色也看起来更加均匀和明亮。由此可以推论出模特在四季 12 型色彩轮盘图上的坐标位置是在左上区域或者右下区域，她不是夏季型就是冬季型。

冷型色布

暖型色布

Step2 测饱和度——净或柔

从这一步四张色布的饱和度测试中可以看出，柔型的色彩会让模特的面部五官变得不清晰，肤色也显得更浑浊。而净型的色彩相对来说会更好，与模特自身立体清晰的五官更契合。在上一步骤中已经判断出模特是冷型人，净柔的四张色布对比起来，净冷也好过净暖。但在这一步先不用急着作判断，我们只是在同一维度中找出相对好的色彩。可以得出进一步的结论，模特在四季 12 型色彩轮盘图上的坐标位置是在横轴以上的。

净冷色布

净暖色布

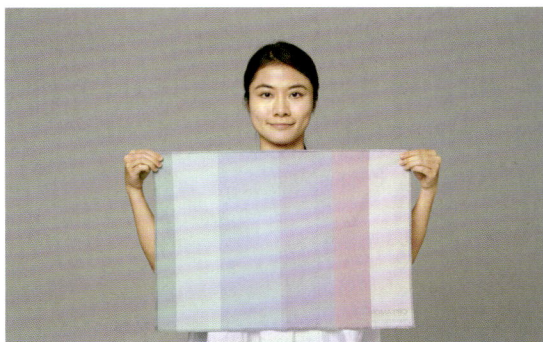

柔冷色布

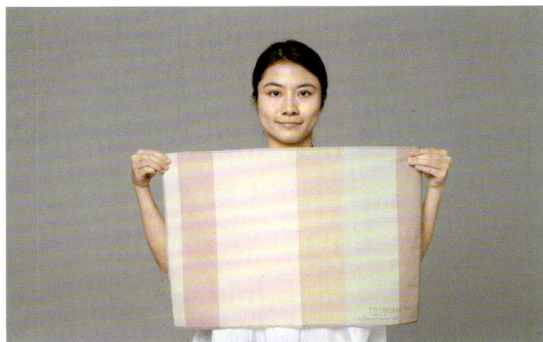

柔暖色布

Step3 测明度——深或浅

从这一步四张色布的明度测试中可以看出，浅型的色彩与模特的脸之间有割裂感，人与色彩无法融合在一起，肤色也显得没有气色。而深型的色彩相对来说会更好，与模特自身偏深的头发、瞳孔、眉毛更契合。由此得出进一步的结论，模特在四季 12 型色彩轮盘图上的坐标位置是在横轴左上方的，也就是说她是冬季型人。

深冷色布

深暖色布

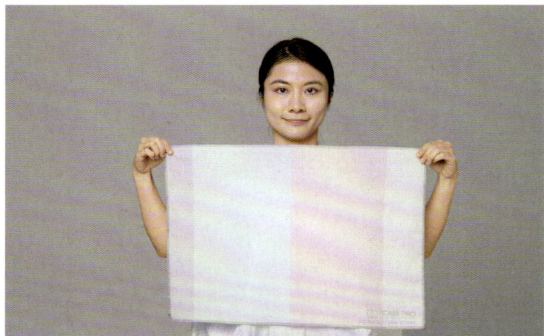

浅冷色布

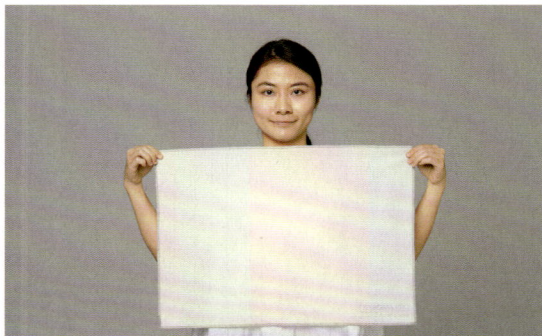

浅暖色布

Step4 测出精准子季型

经过了前几个步骤后可以得知，模特的色彩特征是冷、深、净，我们已经可以把模特锁定在冬季型了，但她属于哪一个子季型呢？我们就要再运用另一个步骤，通过三张在一个大季型内代表不同对比度和清晰度的冷型色布（净冷、冷、深冷），来观察模特的五官清晰度属于高、中、低哪一层。比较后能看出，深冷型的效果最佳，因此模特在四季 12 型色彩轮盘图上的坐标位置就是在"深冬"区域。

净冷 / 高清晰度　　　　　冷 / 中清晰度　　　　　深冷 / 低清晰度

Step5　用单色色布进一步确认

用拼色测色布进行测试之后，已得出基础结论，若在这一步还得不出结论的话，也已经缩小了色彩范围。可用拿不准的两三个子特征的单色色布进行进一步对比和诊断，以这个模特为例，如果在冷冬和深冬之间犹豫不决，可以使用冷型色布和深冷型色布再——测色对比。

5.3
RGMA　PRO 东方色彩体系

86 张色布色号预览表

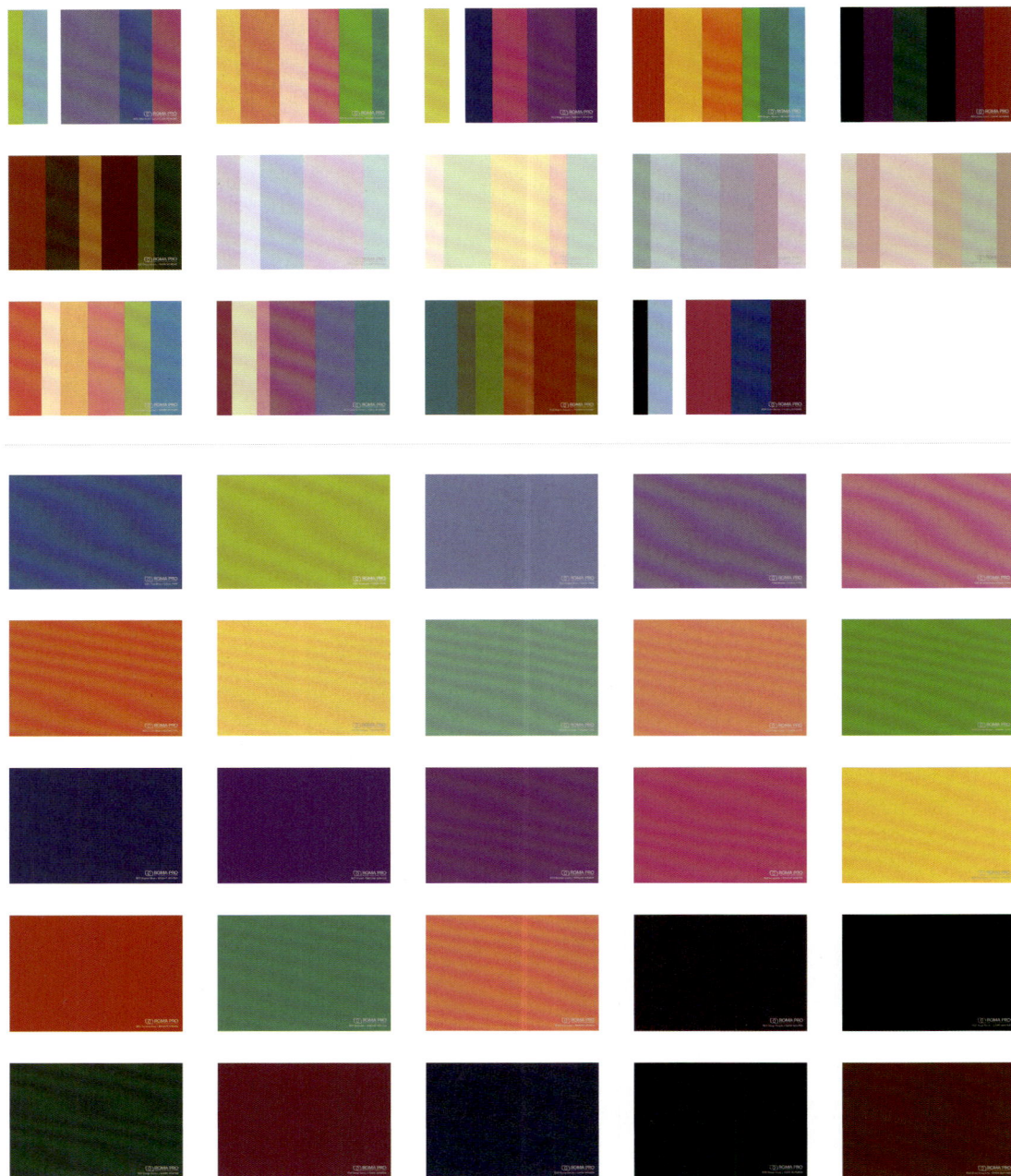

CHAPTER SIX

310　　寻找个人风格的意义

314　　普通人抄作业，六步骤打造色彩风格

318　　找到自己，才能拥有闪耀的人生

P309~P319

第6章

塑造
属于自己的
个人风格

6.1
寻找个人风格的意义

在深入探讨四季 12 型色彩理论及其与我们每个人之间的深刻联系时，我们不仅是在讨论如何塑造个人风格，更是在追寻一种真实的自我表达。回想起十几年前，我们中国女性对时尚的理解，多半是跟随着杂志上闪耀的明星、电视中光鲜亮丽的形象，或是电影广告里引人入胜的故事。那时，时尚似乎是一种外界强加的标准，我们试图通过模仿来接近那看似光彩夺目的世界。

随后，社交媒体的兴起似乎给了我们更多的选择，却也让这种跟风的趋势更加明显。我们开始关注那些在网络上风光无限的博主和名人，试图通过穿着他们推荐的衣服、使用他们的同款彩妆来找到属于自己的美。但是，在这样的追逐中，我们是否真正找到了自我？

我的个人经历让我对这个问题有了更深的思考。我特别喜欢逛世界各地的美妆店，每一次探店都是一次新的发现。但是，我也注意到了一种现象：销售人员经常会根据某色号的热销程度来推荐产品，而很少考虑这些色彩是否真正适合顾客本人。这种现象让我意识到，时尚和美不应该是一味地追随流行，而应该是一种更深层次的自我认知和表达。

　　幸运的是，随着四季 12 型色彩理论在近几年的普及，我们开始重新审视自己的选择。这不仅仅是一个关于颜色选择的理论，更是一种帮助我们深入理解自己的内在和外在的工具。它鼓励我们不再盲目跟随，而是要有意识地去寻找那些真正适合自己的色彩和风格。

　　在这个过程中，挑战无疑是存在的。在与客户和学生的交流中，我发现很多人在内心深处仍然存在着对自我风格的疑惑和不确定。有的人担心自己的外在形象与内在性格不匹配，有的人则是难以放弃多年来习惯的穿着打扮。但四季 12 型不仅仅是一个帮我们选择色彩的工具，它更是一个引导我们进行自我探索和接纳的体系。

　　当我们穿上真正适合自己的衣服，使用自己喜欢的妆容时，那种来自内心的舒适感和满足感是无法言喻的。这不仅仅是外在形象的改变，更是一种内心的觉醒。这种由内而外的变化会让我们发现，真正的自信和美好并不来自他人的认可，而是源于自我的接纳和爱。

　　正如我在这十几年来对中西方美学系统的探索中所学到的，真正适合自己的色彩和风格是独一无二的，它们能够让我们在众多的声音中找到自己的节奏，走出一条属于自己的路。在这条路上，我们可能会遇到迷茫和挑战，但只要我们勇于面对自己，勇于表达自己，就能找到那个最真实、最舒适、最美丽的自我。

　　在我遇到过的客户中，曾有一个很有代表性的案例，这个女孩是典型的浅夏型人，拥有一副特别显年轻、清纯可爱的外表，整个人清澈又轻盈，看起来就像女大学生。她的工作环境是以西方文化为主流的企业，在大量的商务社交中，她常常担心自己的形象可能会使自己不被别人所重视。然而，通过不断地去学习、了解自己所属的季型并进行自我探索，她找到了真正适合自己的风格和色彩体系。在工作场合，她

选择了白色和浅蓝色的套装，这不仅让她看起来既自然又得体，而且在传统的黑色西服海洋中显得格外独特。前前后后经历了一年，我见证了她个人风格的日益明晰，她也逐渐接受并喜爱上了自己的浅夏型风格。更令人欣喜的是，她在工作中的地位也因此得到了显著的提升，个人发展突飞猛进，这一切让我获得了巨大的感动和成就感。

我的个人经历也与此息息相关。2010 年，我从金融行业辞职，转而成为一名化妆师，随后开始创业，组建了自己的团队，投身于美学教育，开办了课程平台，深入时尚圈，游历了国际四大时装周。一路走来，我深刻体会到，如果我们仅仅根据季型的外在特征来定义一个人的内在性格和行为方式，那无疑是极其肤浅的。难道柔和型的人就不能成为创业者，就无法面对生活和工作中的各种挑战吗？显然，并不是这样。我自己就是一个典型的例子。

当我深入研究四季 12 型，明白了自己适合的是柔秋型的风格特征和色彩体系后，我开始逐步调整自己的着装和化妆风格，从深蓝色和黑色系的硬挺合身西装，转换成采用柔软的真丝和醋酸材质、垂坠感剪裁的藕粉色或柔和的大地色系的套装，化妆也是从小烟熏妆配假睫毛，改变为自然晕染的、有氛围感的淡裸色妆容，随之而来的是越来越多的正面反馈。我的学生、客户以及朋友们频频表示，他们非常喜欢我的造型。而当人们形容我这个人时，他们会说，Regina 是一个有智慧、有格局，同时又温柔而坚定的人。

这样的例子表明，无论是我这样的柔秋型，还是那位浅夏型的女孩，我们的季型并没有成为追求梦想、实现事业目标的障碍。相反，我们都在自己热爱的领域中自由地、全情投入地享受着每一刻，同时，也成为了那种让他人喜爱、想要靠近、想要成为的人，最重要的是，我们更了解也更爱现在的自己。

在这本书的结尾，我并不想仅仅讨论四季 12 型色彩理论，更希望进行一次对女性自我认知与审美觉醒的赞美。这个理论告诉我们，每个人都可以在自己的领域里、在自己的人生旅程中用力地、认真地、彻底地做自己，无论你是哪一个季型风格的人，都有无限潜能去创造出属于自己的、闪闪发光的故事。这种自我接纳与自我表达的力量，是四季 12 型这套体系带给我们的最珍贵的礼物，也是一场每个人都应当珍视的旅程，它让我们能更加自信和自由地展现那个升级版的自我。

四季 12 型的更深层意义在于帮助我们每个人挖掘和了解自己，接纳并喜欢自己，从而更好地塑造个人风格，放大真实的自我。当我们全心全意地做自己时，就能展现出独特的魅力。美，不是一成不变的标准，而是多样的、包容的、宽广的、自由的。每个人都有属于自己的色彩和风格，发现并拥抱这些独特之处，才能进一步用色彩和风格塑造出真正的自己，让内心的光芒照亮前行的道路，成为最耀眼的自己。

6.2
普通人抄作业，
六步骤打造色彩风格

有很多读者和学生可能会说："老师，你讲的我都能听懂，也真的很有道理，可是我不知道该从哪里开始？"或者说："我并不是职业色彩风格诊断师，也不从事化妆造型工作，四季色彩应该怎么运用呢？"下面，我来讲讲对于普通人来说，要如何通过六大步骤将这个体系最大化地运用到自己的生活中。

步骤一　建立色彩感知

无论我们是在进行四季色彩的分析，还是在讨论穿衣、化妆，都需要建立色彩的基础概念，如果连明度、饱和度都搞不清，你如何在市面上琳琅满目的服饰中，一眼就能看到属于你自己季型的色彩和款式呢？请记得，学习，就是为了降低犯错成本。

就像我们在化妆与色彩训练营中带着学生们做练习，除了会用大量的色彩素材和图片锻炼大家的眼力以外，我们还会带着学生们做调色练习，让学生们准备好红、黄、蓝、黑、白五色水粉颜料，剪好大量20mm×60mm的小色条，慢慢调色，一个个刷色，来感受颜色的变化，并按照色彩的渐变规律来排序。例如，用 20 个色条来体现由黄到蓝的色彩渐变，采用同样的方法还可以训练对于明度和饱和度变化规律

的感受力。这个方式也是各大专业美术院校一直在使用的色感练习方法，只是专业学生的练习更加具有挑战性，可能是用 200 个色条来体现两个颜色的变化规律，而不是 20 个。这对于眼力、色彩辨识力、色彩比例的掌控来说都是最好的练习。

步骤二 **学习四季色彩体系**

通过对四季 12 型的学习，增加自己对于色彩和风格美感的多层次理解。同时也尽可能多看案例，多在生活中观察我们身边的人，通过分析和思考，建立属于你自己的知识网络和搭建神经元，你很快就会对四季色彩有更加全面和多维度的理解。有了知识体系，就相当于在茫茫大海中行驶的小船有了清晰的导航，明确了方向，能更精确、更快速地抵达终点。这本书就正是很好的素材呀！

步骤三　为自己的衣橱做一次断舍离

当我在为自己的客户做一对一色彩诊断服务的时候，我会在确认她们了解了自己所属的季型和色彩特征之后，最先做一件事，那就是整理衣橱。从色彩入手，先按照不同的色系将衣服分类，把最远离自己的色彩群的衣服，也就是一眼能看出完全不适合你的颜色先挑出来，例如你是浅春型的人，那么又深又冷的颜色就是不适合的色彩。

把剩下的衣服再分为两组，第一组是完全契合你的季型、满分的色彩，第二组是与你的色彩群接近并且你非常喜欢、舍不得丢弃的款式。可以在未来的穿搭中再进行一段时间的摸索和尝试，运用你学到的色彩搭配原则，大面积运用最适合你的色彩，也就是第一组，小面积用第二组进行点缀和叠穿。例如柔夏型的人，可以用第一组中的雾霾蓝大衣（大面积）搭配第二组中的海军蓝长裤（小面积），这属于很有和谐感的同色系配色法。

步骤四　掌握化妆技能

要在个人风格上融入四季色彩，掌握化妆技巧成为必不可少的一环。个人风格的展现可以大致分为穿搭和化妆两大方面。在社交场合中，第一印象往往由面部表情和妆容决定，这就是为什么化妆技能变得如此重要。并非要求你达到化妆师的水平，拥有复杂的配色能力或高深技巧，但至少要掌握基本的化妆知识和审美。比如，选择适合自己肤色的粉底，化出自然均匀的底妆，精准地描绘眉形和唇形，区分彩妆中的冷暖色调，使用化妆工具进行基础的晕染。每一步的认真实践，都能为个人形象加分。

步骤五　寻找与你同季型的参考

对于多数人来说，可能在色彩、妆容、穿搭造型上，建立一个具体的形象是比较困难的。这时候，寻找与你季型相同的明星或博主作为参考是另一有效途径。由于他们通常拥有专业的造型团队，其穿搭和妆发造型往往比普通人更具参考价值。因此模仿他们的穿搭或购买相同的彩妆产品，也能在一定程度上降低失败的风险。

步骤六　在生活中培养色感

学习，分为两个重要的环节："学"和"习"。学习与实践是提高审美力、色感和感知力的双轨路径。这些能力不是一朝一夕就能形成的，而是需要时间和大量的实践来逐渐积累。我经常建议我的学生和客户利用空闲时间深入实践，比如专门安排一天时间逛街，不必急于购买，而是专注于观察和试穿各种色彩和款式的服装。在这个过程中，你可以拍照并在手机中创建一个相册，记录下试穿的每一件衣物。随着时间的推移，通过不断地试验和筛选，你将逐步建立起属于自己的色彩感知和风格偏好，从而形成一个个性化的色彩宝库。

6.3
找到自己，
才能拥有闪耀的人生

通过以上六个步骤，我们不仅能培养对色彩的敏感度和审美力，更能在不断地探索中发现属于自己的色彩语言。这种深入生活的实践，实质上是一次自我发现的旅程。正如我之前所强调的，学习和实践是相辅相成的。从理论到实践的过程，不仅仅是对色彩认知的深化，更是对自我风格理解的拓展。

多年前在创办蕊姐美妆学院时，我们提出了一个口号："学习化妆，并不是为了变成另一个人，而是为了成就最美版本的自己。" 正是带着这样的信念和价值观，驱动我选择化妆，并走上美学教育之路。近年来，我致力于深度研究色彩体系和个人风格。我之所以钟爱这个体系，是因为它能够帮助每个人找到自己的原生风格，发现最优版本的自我，实现自我了解和自我接纳，进而成就自我。这正是四季 12 型最为精彩和美妙的地方，也是它与我的价值观高度契合的原因。

我相信，每个人都是自己生命的艺术家，每个人都可以在自己的生活画布上绘制出最独特和美好的风景。因此，我愿意推广这个理念，教授和普及这个体系，也通过写书、做自媒体、公开讲座等方式，让更多人掌握和了解它，使更多人从中受益，能更加舒适和快乐地做自己。

未来，我仍会带着这样的信念，将四季 12 型知识体系、化妆经验以及对美与时尚的深刻理解等传播给更多人，帮助更多女性找到自我并了解自我，获得自信，过上闪耀的人生！

后 记

此刻，我刚结束了时装周的工作，正坐在从米兰飞回杭州的飞机上。12 小时的飞行时间刚好可以让我有时间为这本书做最后一遍审稿。想到我的第一本书《化妆的哲学：改变人生的美妆秘籍》好像才刚刚发布，而今天我的第二本书也快要出版了，有点不可思议。

为了这本书的诞生，我花了两年时间筹备并梳理知识体系，又用了一年时间完成初稿。在过去忙碌的 12 个月中，我从悉尼飞回国内 6 次，每次都是为了四季色彩的课程和相关工作。正是这段时间，我们开办了全新的四季色彩线下课程和风格化妆课，为多家时尚品牌如 Tod's、Roger Vivier 等，举办了四季色彩相关培训，也受邀到北京大学讲课，与师生们分享东方四季色彩美学与女性内在力量。

我常感叹，成长在中国这片土地是多么幸运。这里地大物博，孕育了各种美丽的、智慧的、不同季型风格的女性。她们的美不仅独特，更富有包容性，对美好事物永远保持开放的态度。真的印证了那句话：各美其美，美美与共！也正因如此，四季色彩理论在中国发展得这么快、这么好，我为自己能在这个领域深耕感到无比自豪！

在这本书的创作过程中，我想感谢许多人。首先是 12 位代表各季型的女孩们，她们虽非专业模特，却在拍摄中展示了非凡的美与感染力。感谢摄影师贺班培老师，他对我永远都是百分百的信任，也总是能完完整整地呈现出我想要表达的东西，把美感和艺术结合得那么好！感谢我的图书编辑和所有参与本书创作的团队伙伴们，没有你们，这本书不可能如此顺利圆满地完成。

最后，我想说，不要畏惧，四季色彩从来都不是束缚你的框架，而是给予了你成为自己的自由，当你更加了解与接纳自己之后，它就在那个最好的方向、最适合你的道路上，指引着你前行。

Regina

2024 年 9 月 28 日

工作人员

模特

净春模特：Lulu
暖春模特：叶晓晴
浅春模特：Amanda
浅夏模特：小雪
冷夏模特：Jessie
柔夏模特：Hannah
柔秋模特：潘瑶
暖秋模特：鸦鸦
深秋模特：Eva
深冬模特：Xiao
冷冬模特：小方
净冬模特：贾方妮
测色模特：Amber

制作团队

摄影师：贺班培
制片／后期：何明明
搭配师：郝翎岈 张羽翼
视觉设计：杨霄
统筹：雷伊凡

妆发助理

思毅
徽阳
刘慧
叶晓晴
seven
Coco